实用服装裁剪制板
与成衣制作实例系列

缝制
综合技巧篇

FENGZHI ZONGHE JIQIAO PIAN

徐 军 编著

化学工业出版社

·北京·

《缝制综合技巧篇》全面、系统地介绍了服装缝纫的常见缝纫技巧、技术和必备理论与知识。本书从服装人体结构规律和基本缝制原理出发，系统、详尽地对不同款式造型的服装进行了全面分析和讲解，归纳总结出一套原理性强、适用性广、科学准确、易于学习掌握的服装缝制方法和技巧，能够很好地适应各种服装款式变化的缝制要求，并加入了大量经典、时尚服装成品的裁剪缝制实例，方便读者阅读和参考。

　　本书条理清晰、图文并茂，同时由于其实用性强，可供服装企业技术人员、广大服装爱好者参考，也是服装高等院校及大中专院校的理想参考书。对于初学者或是服装制作爱好者而言，不失为一本实用而易学易懂的工具书，可作为服装企业相关工作人员、广大服装爱好者及服装院校师生的工作学习手册。

图书在版编目（CIP）数据

缝制综合技巧篇/徐军编著. —北京：化学工业出版社，
2016.1

（实用服装裁剪制板与成衣制作实例系列）
ISBN 978-7-122-25386-6

Ⅰ.①缝… Ⅱ.①徐… Ⅲ.①服装缝制 Ⅳ.①TS941.63

中国版本图书馆 CIP 数据核字（2015）第 242540 号

责任编辑：朱　彤　　　　　　　　　　　装帧设计：刘丽华
责任校对：边　涛

出版发行：化学工业出版社（北京市东城区青年湖南街 13 号　邮政编码 100011）
印　　装：三河市万龙印装有限公司
787mm×1092mm　1/16　印张 11½　字数 284 千字　2016 年 1 月北京第 1 版第 1 次印刷

购书咨询：010-64518888（传真：010-64519686）　　售后服务：010-64518899
网　　址：http://www.cip.com.cn

凡购买本书，如有缺损质量问题，本社销售中心负责调换。

定　　价：39.80 元

前　言

　　《实用服装裁剪制板与样衣制作》一书在化学工业出版社出版以来，受到读者广泛关注与欢迎。在此基础上，编著者重新组织和编写了这套《实用服装裁剪制板与成衣制作实例系列》丛书。

　　本分册《缝制综合技巧篇》是该套《实用服装裁剪制板与成衣制作实例系列》分册之一。本书从服装缝制的基础着手，由浅入深，充分重视理论与实例紧密结合，从服装人体结构规律和基本缝制原理出发，系统、详尽地对不同款式造型的服装，分类别进行了全面分析和讲解，通过介绍缝制的大量基本技术和技巧，以大量服装经典、时尚款式为例，详细介绍不同造型服装的具体缝制工艺流程，以及注意事项等。

　　本书共分为六章；第一章介绍服装裁剪缝制基础知识，主要包括人体测量的规律及要求和技巧，服装号型系列知识，服装规格设计等；第二章服装缝制基础工艺，详细讲解了手缝基础工艺、车缝基础工艺的具体要求和工艺标准等内容，还介绍了传统工艺的缝制方法；第三章服装部件缝制工艺，主要详细讲解了口袋缝制工艺、领子与领口缝制工艺、袖子与袖口缝制工艺、门襟缝制工艺、拉链部位缝制工艺及开衩缝制工艺的具体缝制过程和要求等内容；第四章经典服装缝制工艺与实例，介绍了衬衫缝制工艺、裤子缝制工艺、裙子缝制工艺、西装上衣缝制工艺、西装背心缝制工艺和礼服缝制工艺等日常服装常见款式的缝制工艺流程及要求；第五章时装缝制工艺与实例，主要从时装上衣缝制工艺、时装裤缝制工艺、时装裙缝制工艺、时装外套缝制工艺、时装背心缝制工艺等内容，进一步通过实例来介绍具体款式服装的缝制技巧；第六章帽子缝制工艺，主要介绍帽子的分类、帽子的材料、帽子的裁剪及帽子缝制工艺流程、检验、包装及保养等内容。

　　本书在编写过程中得到了众多专家及化学工业出版社相关人员的大力支持，在此深表感谢。由于时间和水平所限，本书尚存有不足之处，敬请广大读者指正。

编著者

2015 年 10 月

目　录

第一章 服装裁剪缝制基础知识

第一节 人 体 测 量

伴随人类社会迈入 21 世纪，"以人为本"逐渐成为时代发展的主题和全球共同关注的设计焦点。人体尺寸数据真实反映了一个国家国民的整体身体状况，它作为一个国家的基础性大数据资源，是国家制定重要政策的重要参考依据，是企业生产人性化产品时必须考虑的要素。由于它的基础性地位，世界上许多国家，如美国、英国、德国、法国、日本等均进行过多次全国范围的人体尺寸的测量，以便获取最新的能反映本国国民生理状况的人体尺寸数据，这些数据为其国内工业设计和生产提供了极为宝贵的参考抽样调查，并依此制定了一系列国家标准，这些标准成为当时乃至现在国内工业、建筑、劳动安全保护等各行各业进行工业设计和生产的主要依据。

只有做到量体精确、合理、科学、严谨、翔实，才能制作符合人体工程学的服装，也才能满足人体日常需求的功能和美观性。由此可见，人体测量是服装裁剪与缝制的基础和重要依据。

作为服装设计专业人员，人体测量是必不可少的知识和技术，而且要懂得规格尺寸表的来源、测量的技术要领和方法，这对设计者深入认识、了解和掌握人体结构和服装从构思、设计、制作、销售整个构成过程是十分重要的。因此，这里所指的测量是针对服装设计要求的人体测量，一方面这种测量标准是和国际服装测量标准一致的，另一方面它必须符合服装制版原理的基本要求。作为定做服装的版型设计，就更显出它的优越性，但需要对被测者进行认真细致的观察，以获得与一般体型的共同点和特殊点。这是确定理想尺寸的重要依据，也是人体测量的一个基本原则。如图 1-1 所示为人体测量点结构分布。

一、总体测量原则

广义上的量体，除了指用尺测量人体有关部位的长度、围度、宽度尺寸外，还包括对生理、心理、环境需要下，不易测量的体型特征、活动范围、职业、年龄、文化修养、习惯爱

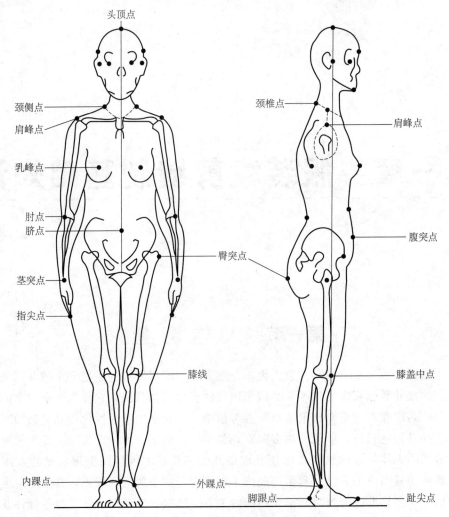

图 1-1　人体测量点结构分布

好、穿着场合和环境气候等条件，以及对服装构成要素中面料质地、款式造型、色彩纹样的特点、属性等条件因素的分析和了解。

在进行服装人体测量时，通常情况下被测者一般保持立姿（站姿）或坐姿。

被测者立姿时，应两腿并拢，两脚自然分成 60°，全身自然放松垂直，双肩放松，双臂下垂，自然服帖于身体两侧，中指与裤侧缝垂直。测量者位于被测者的左侧，按照先上装后下装，先长度后围度，最后测量局部的程序或顺序进行测量和记录。

被测者如保持坐姿时，上身要自然挺直，与椅子面呈垂直角度，小腿与地面始终保持垂直，上肢自然弯曲，双手平放在大腿之上。

人体测量一般具体又分为高度测量、长度测量、宽度测量和围度测量四个方面，通过上述方式获得的数据将是人体立体的全角度数据。

（1）高度测量　是指由地面至被测点之间的垂直距离，如身高、颈椎点高等。测量时注意保持皮尺与人体之间离开一定的距离，并使皮尺与人体轴线相平行。不能按照人体曲线逐段测量，因为那样会使测量数据结果失去准确性。

（2）长度测量　是指两个被测点之间的垂直距离，如衣长、袖长、腰节长、裤长、裙长等。测量时除了注意被测点定位要准确外，还要考虑服装的款式特点来确定最终的长度。

（3）宽度测量　是指两个被测点之间的水平距离，如胸宽、背宽、肩宽等。

（4）围度测量　是指经过某一被测点绕体一周的长度，如胸围、腰围、臀围、颈围等。测量时要注意使皮尺水平绕体一周，不能倾斜，同时还要注意尺子的松紧适宜。在测量胸围时，要考虑呼吸差所引起的变化，要在自然呼吸的状态下进行绕体测量。人体四维测量如图1-2所示。

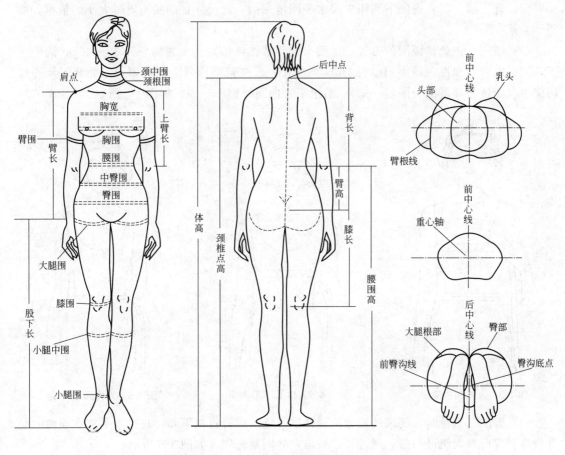

图1-2　人体四维测量

二、人体测量中注意事项

（1）认真询问和听取被测量者的要求，如服装的式样、被量者的个人习惯、穿着场合等。

（2）仔细观察被测者体型特征，可以从正面、侧面和背面三方面观察，对挺胸、驼背、溜肩、平肩、大肚等特殊体型，可以酌情增加特殊部位的尺寸，并注意及时记录。

（3）被量者保持立正姿势，呼吸自然，裤带放松，软尺松紧适宜。

（4）注意被量者的衣服厚薄，最好能够贴身测量，防止因衣服过厚而导致尺寸不准。

（5）量体的顺序一般是：先横后竖，由上而下，测量时一定要养成按顺序进行的习惯，这样就可以避免出现因一时疏忽而产生遗漏的现象。

（6）测量上衣的顺序是：颈围、肩宽、胸围、臀围、袖口、衣长、袖长等。

（7）测量下衣的顺序是：腰围、臀围、直裆、脚口、裤长等。

（8）测量裤子和裙子的腰围时，应将腰带放松，以防腰围的测量值偏小偏紧。

三、人体部位具体测量要求与测量技巧

（1）胸围　通过乳峰点水平围量一周，注意要根据不同的款式，加放适当松量，如图 1-3 所示。

（2）乳下围　在乳房的下端用皮尺水平围量一周。此尺寸是购买胸罩时大小的依据，如图 1-4 所示。

（3）腰围　正确量腰围的方法，是要求被测者在自然站立、两脚分开 30～40cm 的情况下，用一根没有弹性、最小刻度为 1mm 的皮尺，放在被测胯骨上缘与第十二肋骨下缘连线的终点（经过腰部最细处围量一周），沿水平方向围绕腹部一周，如图 1-5 所示。

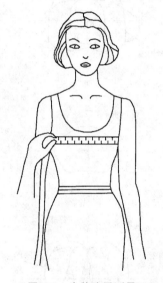 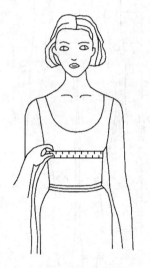 

图 1-3　人体胸围测量　　　　　图 1-4　人体乳下围测量　　　　　图 1-5　人体腰围测量

（4）臀围　测量时，要求被测者两腿并拢直立，两臂自然下垂，皮尺水平放在前面的耻骨联合和背后臀大肌最凸处。通过臀部最丰满处围量一周，如图 1-6 所示。

（5）中臀围　大约在腰围与臀围中间的位置水平测量一周。因为臀部的形状根据髋骨的大小和脂肪的多少各不相同，所以这个尺寸也很重要，如图 1-7 所示。

（6）袖窿周长　通过肩峰点、前后腋点、臂根点围量一周。在这个尺寸中应该加上其周长左右的余量便可作为袖窿尺寸的基准，如图 1-8 所示。

（7）头围　通过前额的中央、耳的上方和后头部的突出位置围量一周，如图 1-9 所示。

（8）颈围　通过后颈点、侧颈点和前颈点围量一周所得的数据就是颈围尺寸，如图 1-10 所示。

（9）肩宽　从左肩端点经过后颈中点到右肩端点之间的距离，如图 1-11 所示。

（10）背宽　测量背部左右后腋点之间的长度，如图 1-12 所示。

（11）胸宽　测量胸部左右前腋点之间的长度，如图 1-13 所示。

（12）背长　从后颈点到腰带之间的长度，皮尺要松紧适度，如图 1-14 所示。

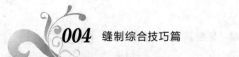

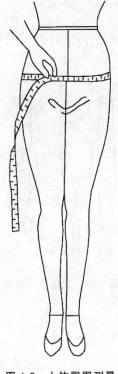
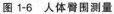

图 1-6　人体臀围测量

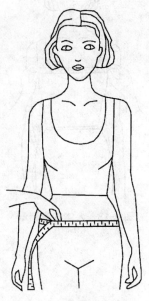

图 1-7　人体中臀围测量

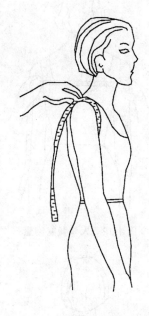

图 1-8　人体袖隆周长测量

图 1-9　人体头围测量

图 1-10　人体颈围测量

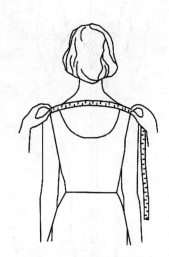

图 1-11　人体肩宽测量

（13）总身长　从后颈点向下垂放皮尺，在腰围处轻轻按住，量到脚底，如图 1-15 所示。

（14）后长　从侧颈点开始经过肩胛骨量至腰围线，如图 1-16 所示。

（15）前长　从颈侧点开始经过乳峰点量至腰围线，如图 1-17 所示。通过前长和后长之间的差值，可以了解到人体的基本特征。

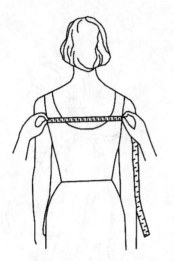
图 1-12　人体背宽测量

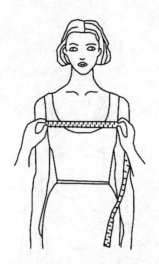
图 1-13　人体胸宽测量

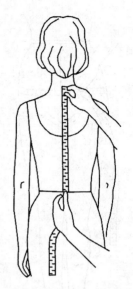
图 1-14　人体背长测量

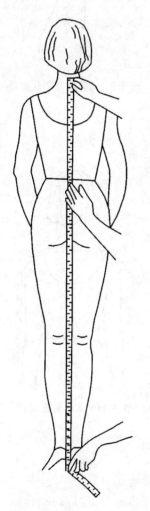
图 1-15　人体总身长测量

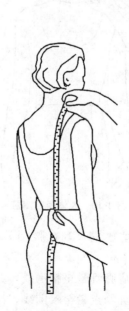
图 1-16　人体后长测量

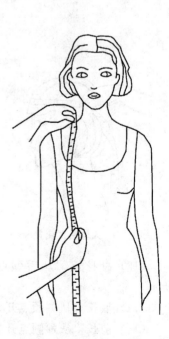
图 1-17　人体前长测量

（16）下裆长和立裆长　下裆长是在大腿根部轻轻按住皮尺测量到脚踝骨的长度。立裆长是在侧缝的长度中减去下裆的长度。立裆长也可以从腰部最细处量到大腿根处来确定。人体下立裆测量如图1-18所示。

（17）袖长　从肩骨外端至手腕、肘点的长度，是长袖和短袖长度的依据。遇到棉衣或有垫肩的服装还需另外加放1~2cm的厚度，如图1-19所示。

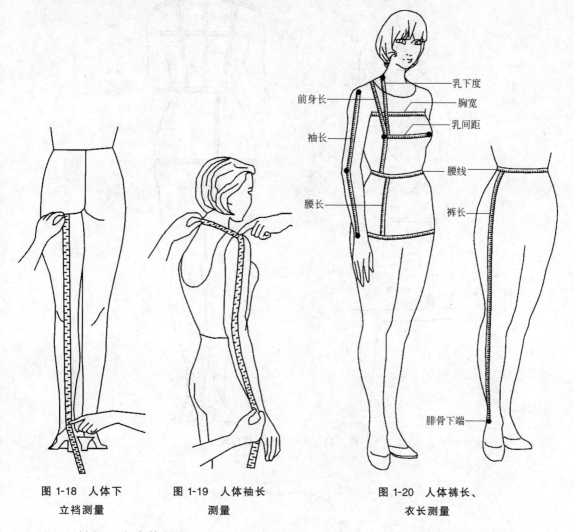

图1-18　人体下立裆测量　　　图1-19　人体袖长测量　　　图1-20　人体裤长、衣长测量

（18）裤长　在身体侧面，由腰部左侧胯骨上端，向上4cm往下量至脚跟减3cm，如图1-20所示。

（19）衣长　由前身左侧脖根处，通过胸部最高点，一般量至手的虎口处，如图1-20所示。

四、成衣测量方法

人体测量部位部分如图1-21所示。

1. 上衣类

上衣测量部位如图1-22所示。

（1）衣长　将衣服摊平后，从颈肩缝端点量至底边。

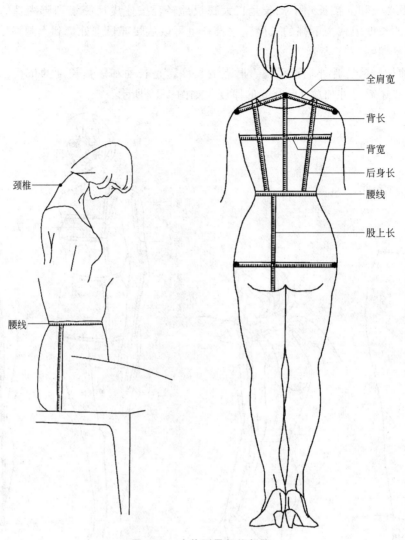

颈椎

腰线

全肩宽

背长

背宽

后身长

腰线

股上长

图 1-21　人体测量部位部分

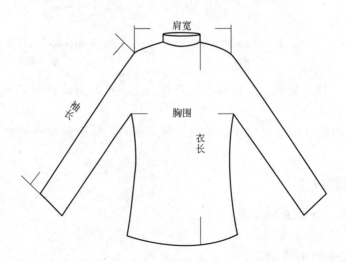

肩宽

袖长

胸围

衣长

图 1-22　上衣测量部位

（2）胸围　门里襟扣好后，从左袖窿量最下点量至右袖窿最下点。该距离为半胸围。

（3）肩阔　从左肩缝与左袖山的交点至右肩缝与右袖山的交点。

（4）袖长　从肩缝与袖山交点量至袖口。

（5）袖口　将衣服摊平后，测量袖口的大小尺寸。

（6）下摆　门里襟扣好后，从左底摆边量至右底摆边。

（7）领围　领子拉直后，从左领脚量至右领脚。

2. 裤子类

裤子类测量部位如图 1-23 所示。

（1）裤长　沿裤侧缝从腰端量至脚口。

（2）裤腰　扣好腰头，从左腰端量至右腰端，该距离为半腰围。

（3）臀围　扣好门襟后，从左袋口量至右袋口下，该距离为半臀围。

（4）上裆　裤子烫平后，从腰端量至裆底。

（5）横裆　按裆底量至脚口。

（6）下裆　由裆底量至脚口。

（7）脚口　裤摊平，量脚口的大小尺寸。

3. 连衣裙类

连衣裙测量部位如图 1-24 所示。

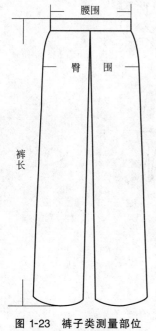

图 1-23　裤子类测量部位

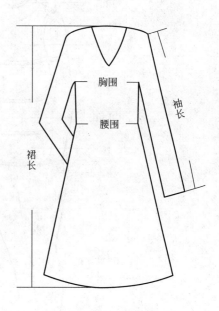

图 1-24　连衣裙测量部位

（1）裙长　从颈肩缝端点量至裙子底边距离。

（2）胸围　扣好门襟后，从左袖窿量最下点量至右袖窿最下点。该距离为半胸围。

（3）肩阔　取两肩缝与袖山交点，从左肩量至右肩。

（4）腰节长　从颈肩缝端点量至腰缝处，为前腰节；后领口中点量至腰缝处，为后腰节。

（5）腰围　扣好门襟后，取腰部最细处，从左腰量至右腰。该距离为半腰围。

（6）臀围　扣好门襟后，量取左右腰下 18cm 处的距离。该距离为半臀围。

（7）袖长　从肩缝与袖山的交点量至袖口。

（8）袖口　摊平袖口，量其大小尺寸。

（9）领围　拉直领子或领口后，量其左右两端的距离，叠门除外。

第二节　服装号型系列

一、服装号型定义

服装号型定义是根据正常人体的规律和使用需要，选出最有代表性的部位，经合理归并设置的。

"号"指高度，以厘米表示人体的身高，是设计服装长度的依据。"型"指围度，以厘米表示人体围度，如胸围、腰围或臀围等，是设计服装围度的依据。人体围度测量如图 1-25 所示。

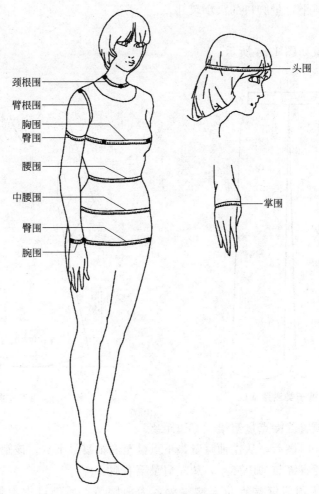

图 1-25　人体围度测量

人体外观体型也属于"型"的范围，现以胸腰落差为依据把人体划分成：A、B、C 、Y

四种基本体型，其中 A 为正常体型，B 为偏胖体型，C 为肥胖体型，Y 为偏瘦体型。这四种体型比较全面地反映了我国人体体型变化的规律，从而为服装工业大生产提供了较为细致准确的数值依据，为成衣产品达到较好的适体性提供了科学的依据。

现按上述四种体型定义，以数据形式分别表示出男、女胸围、腰围差值如下。

（1）体型分类代号 Y　　男子（胸围至腰围）为 22～17cm；女子（胸围至腰围）为 24～14cm。

（2）体型分类代号 A　　男子（胸围至腰围）为 16～12cm；女子（胸围至腰围）为 18～14cm。

（3）体型分类代号 B　　男子（胸围至腰围）为 11～7cm；女子（胸围至腰围）为 13～9cm。

（4）体型分类代号 C　　男子（胸围至腰围）为 6～2cm；女子（胸围至腰围）为 8～4cm。

按照"服装号型系列"标准规定在服装上必须标明号型。

服装成品号型标志表示方法为号的数值写在前面，型的数值写在后面，中间用斜线分隔。型的后面再加标示标明体型分类。号与型之间用斜线分开，后接体型分类代号。例如，170/88A，其中 170 表示身高为 170cm；88 表示净体胸围为 88cm；体型分类代号"A"表示胸腰落差在 12～16cm 之间。

把人体的号和型进行有规则的分档排列，即为号型系列。号的分档为 5cm，130cm 以下儿童分档为 10cm，型的分档为 4cm 或 2cm。

把号的分档和型的分档结合起来，分别有 5.4 系列和 5.2 系列两种，其写法为号的分档数写在前面，型的分档数写在后面，中间用圆点分开，不能写成 5-4 系列或 5/4 系列。需要说明如下。号的分档是指人体身高的分档，不是服装规格中衣长或裤长的分档。以 5.4 系列为例，表示号的分档为 5cm，型的分档为 4cm，也可以表示如下。

（1）5·4 系列　　按身高 5cm 跳档，胸围或腰围按 4cm 跳档。

（2）5·2 系列　　按身高 5cm 跳档，腰围按 2cm 跳档。5·2 系列，一般只适合用于下装。举例如下。

号（人体身高）：160、165、170、175…

型（人体的围）：80、84、88、92…

（3）档差　　跳档数值又被称为档差，是以中间体为中心，向两边按照档差依次递增或递减，从而形成不同的号和型。号与型进行合理组合与搭配形成不同的号型，号型标准给出了可以采用的号型系列。

二、服装号型配置

国家标准中的号型规格基本上可以满足某类体型 90% 以上的人们日常生活中的服装基本需求，但在服装企业实际生产和销售中，由于服装品种类别、投产数量等原因，往往不能或没有必要完成规格表中全部号型的生产，而是选用其中一部分号型或热销号型来生产，以满足大部分消费者的需要为基准，又能够避免生产过量，造成产品积压。在选择号型时，以国家标准中的号型规格表为基础，并结合目标顾客人群体型特点以及产品的相关特征进行号和型的搭配，制定生产所需的号型规格表，称其为号型配置。常用号型配置方式有如下几种。

（1）方式1为一号一型配置　又称为号型同步配置，即一个号与一个型搭配组合而成的号型系列，如155/80、160/84、165/88。

（2）方式2为一号多型配置　即一个号与多个型搭配组合而成的号型系列，如160/80、160/84、160/88。

（3）方式3为多号一型配置　即多个号与一个型搭配组合而成的号型系列，如155/84、160/84、165/88。

三、服装号型应用

（1）作为服装生产者　作为服装设计与生产研发者和销售者，就必须详细了解服装号型标准的有关规定。号型标准是提供给设计者有关我国人体体型、人体尺寸方面的详细资料和数据。在设定服装号型系列与规格尺寸时，号型标准可以提供最好的帮助，服装号型标准是确定服装规格的基本依据。在号型实际应用中，应该首先确定穿着者的体型分类，然后根据身高、净胸围或净腰围选择与号型系列中一致的号型。

（2）作为服装消费者　作为服装消费者，可以根据服装上标明的服装号型（示明规格）来选购服装。服装上标明的号、型应该接近于消费者的身高和胸围或腰围，标明的体型代号应该与消费者的体型类别一致。例如，身高为162cm、胸围为83cm、腰围为65cm的消费者：胸腰差是83cm−65cm＝18cm，体型代码应该为A型。选购服装时就可以选择示明规格为160/84A的上衣和160/66A的裙装。

第三节　服装规格设计

一、服装规格含义

服装规格尺寸是净尺寸加上放宽松量后得到的，也是服装产品的实际最终成品尺寸。净尺寸是直接通过测量人体得到的，人体净尺寸是进行服装裁剪制板时最基本也是最重要的基础依据之一。在此基础上一般都需要根据具体的服装款式加放一定的宽松量或放松量，其后所得到的数据，才能用来进行服装裁剪制板。其中加放的松量值叫做"宽松量或放松量"，也就是服装与人体之间的空隙量。其放松量越小，则服装越紧身合体；放松量越大，则服装越宽松。

在进行服装裁剪制板时，宽松量确定的准确与否，对服装造型的准确程度有决定性影响。宽松量的正确确定，不仅需要对服装款式进行仔细的观察和研究。另外，还需要有一定的实际制板和缝制经验。例如，所测量的人体胸围尺寸为84cm，而裁制的服装胸围为100cm，那么84cm就是人体"净尺寸"，而100cm则是服装的"规格尺寸"。而100cm与84cm的差值16cm就是服装的"宽松量"，也被称为"放松量"。

二、服装规格表示

表示服装成品规格时，总是选择最具有代表性的一个或几个关键部位尺寸来表示。这种部位尺寸又称为示明规格。常用的表示方法有以下几种。

（1）号型表示法　选择身高、胸围或腰围为代表部位来表示服装的规格，是最常用的服装规格表示方法。从1992年开始我国已实行号型表示法，人体身高为号，胸围或腰围为型，并标明体型代码，表示方法如 160/84A 等。该方法应用比较广泛，深受人民大众的喜欢。

（2）领围制表示法　以领围尺寸为代表来表示服装的规格，男性衬衫的规格常用此方法表示，如 39 号、40 号、41 号，分别代表衬衫的领围尺寸为 39cm、40cm 和 41cm 等。

（3）代号制表示法　按照服装规格大小分类，以代号表示，是服装规格较简单的表示方法，适用于合体性能要求比较低的一些服装，也是机器化大生产的必然要求，适应了服装工业化的要求，表示方法如 XS、S、M、L、XL、XXL 等。

（4）胸围制表示法　以胸围为关键部位尺寸代表，表示服装的规格。适用于贴身内衣、运动衣、羊毛衫等一些针织类服装或套头衫等简易服装款式要求，表示方法如 90cm、100cm 等，分别表示服装的成衣胸围尺寸。

三、服装规格设计

国家《服装号型标准》是服装设计中规格设计的可靠依据，可根据号型标准中提供的人体净体尺寸，综合服装款式因素加放不同放松量进行服装规格设计，以便适合绝大部分目标顾客的同质化需求，这是实行服装号型标准的最终目的。实际生产中的服装规格设计不同于传统的"量体裁衣"，必须考虑能够适应多数地区以及多数人的体型要求，而个别人的体型特征只能作为一种特例参考，而不能作为成衣规格设计的依据。在进行规格设计时，必须遵循以下原则，即号型系列和分档数值不能随意改变：国家标准中所规定的服装号型系列为上装 5.4 系列，下装为 5.4 系列或 5.2 系列，不能自行更改。

放松量可以自行改变：根据服装品类、款式、面料、穿着季节、地区、穿着习惯以及流行趋势的变化，放松量可以随之变化。服装号型标准只是统一号型，而不是统一规格。

（1）人体参考尺寸　号型标准中给出了人体 10 个控制部位的尺寸以及这些控制部位的档差，它是服装裁剪制板与推板的重要技术依据。对于服装裁剪制板来讲，仅上述 10 个部位尺寸有时仍不能满足技术和工艺上的需要，还应该增加一些其他部位的尺寸，才能更好地把握人体的结构形态和变化规律，准确地进行纸样设计。如何获得这些数据有两种方法：最基本的一种方法是人体测量和数据处理；另一种方法是人体测量数据结合经验数据加以确定。表 1-1 列出了中国女性（女性 5·4 系列 A 体型）人体参考尺寸。

表 1-1　中国女性（女性 5·4 系列 A 体型）人体参考尺寸　　　　单位：cm

号型 部位	150/76	155/80	160/84	165/88	170/92
胸围	76	80	84	88	92
腰围	60	64	68	72	76
臀围	82.8	86.4	90	93.6	97.2
颈围	32/35	32.8/36	33.6/37	34.4/38	35.2/39
上臂围	25	27	29	31	33
腕围	15	15.5	16	16.5	17
掌围	19	19.5	20	20.5	21
头围	54	55	56	57	58
肘围	27	28	29	30	31
腋围	36	37	38	39	40
身高	150	155	160	165	170
颈椎点高	128	132	136	140	144
前长	38	39	40	41	42
背长	36	37	38	39	40

号型 部位	150/76	155/80	160/84	165/88	170/92
全臂长	47.5	49	50.5	52	53.5
肩至肘	28	28.5	29	29.5	30
腰至臀	16.8	17.4	18	18.6	19.2
腰至膝	55.2	57	58.8	60.6	62.4
腰围高	92	95	98	101	104
股上长	25	26	27	28	29
肩宽	37.4	38.4	39.4	40.4	41.4
胸宽	31.6	32.8	34	35.2	36.4
背宽	32.6	33.6	35	36.2	37.4
乳间宽	17	17.8	18.6	19.4	20.2
袖窿长	41	41	43	45	47

注：1. 表中袖窿长不是人体尺寸，是服装结构尺寸。

2. 颈围 32/35，32 指的是净围度，35 指的是实际领围尺寸。

（2）成衣规格设计　服装规格的确定是服装裁剪制板非常关键的步骤，是在人体测量的基础上，依据服装的具体设计款式来确定服装成品尺寸，包括衣长、袖长、肩宽、胸围、领围、裤长、腰围、臀围等，是正确地将所测得的净尺寸加放松量，确定成品服装尺寸。

服装规格尺寸的确定，首先需要对所选定的服装款式进行认真分析判断，包括对服装的基本轮廓造型、细部设计等进行仔细观察，分析确定其各自的属性和特点。例如，服装款式是短款还是长款，是宽松的还是紧身的，领子是什么样式的，袖子是什么款式等。这些分析不仅需要定性，而且必须是定量。规格尺寸设计者一定要将服装款式进行详尽分析，将图样式的模糊服装款式转化为真实数据式的服装款式；必须要始终遵从服装款式图，不要随意地将设计修改，记住服装裁剪制板是服装设计的后续工作——服装裁剪工作，而不是服装设计工作。这是每一个服装裁剪制板人员最基本的素质之一，这不仅是对设计师的尊重，而且也是正确裁制服装的根本保障。

成衣规格是在服装号型系列基础之上，按照服装的部位与号型标准中与之对应的控制部位尺寸加减定数来确定。加减定数的大小取决于服装款式和功能要求，这是留给服装设计人员的设计空间。例如，中间号的人体实际胸围为 84cm，但根据所设计服装款式的不同，成衣实际胸围尺寸既可以在人体实际胸围 84cm 的基础上加上 10~30cm；也可以不加甚至减小。例如，对于用弹力面料制作的紧身内衣来讲，成衣尺寸规格一般先按照成衣的种类和款式效果确定中间号型的成衣尺寸，之后，再按号型系列的档差，确定各号型的成衣尺寸。由于号型标准是成系列的，因而成衣规格是与号型标准系列相对应的规格系列。但需注意的是，成衣规格部位并不是与号型标准中的规定完全一致，而可以依据成衣品种款式的不同存在差异。有些成衣品种只需较少的部位就可以控制成衣的尺寸规格，如披风、圆裙、斗篷等；而有些成衣品种则需要较多的部位才能控制成衣的尺寸规格，如西装、旗袍、各种合体的时装等。

目前通过对大量人体测量数据进行分析的基础上，建立了人体基本部位（身高、净胸围/净腰围）与其他部位尺寸之间的回归关系式，为方便实际应用，对回归关系式加以简化，并根据实践经验进行修正。这种方法既体现出人体与服装之间的关系，又包含实践经验值，所确定的服装规格尺寸比较准确，应用广泛。下面以裙装为例，各部位规格设计关系可以如下所示。

- 腰围 $W = W* + (0\sim2\text{cm})$
- 臀围 $H = (H* + 内裤) + 4\sim6\text{cm}$（贴体）、$6\sim12\text{cm}$（较贴体）、$12\sim18\text{cm}$（较宽松）、大于 18cm（宽松）
- 上裆长 $= 0.1TL + 0.1H + (8\sim10\text{cm})$ 或为 $0.25H + (3\sim5\text{cm}$，含腰宽 $3\text{cm})$
- 裙长 $SL = 0.4 \pm a$（a 为常数，视款式而定）。

随着成衣化工业的飞速发展，服装产品在国际范围内的流通日趋扩大、日趋频繁，这就要求成衣规格应具有适应面宽、科学性强、标准化高、易记和通用的特点。

（1）适应面宽　主要表现在规格尺寸划分非常详细，号型齐全，以适应各种体型的消费者，它不仅使一般体型的人可以买到不同风格的成衣，同时也使特体人群也能享受到规格成衣的福利待遇。

（2）科学性强　制定规格时要尽可能达到在大跨度尺寸变化中趋于合理和协调，避免非规格化成衣的款式发生大的变形。

（3）标准化程度高　体现在两个方面：一方面，规格尺寸具有高度综合性特点，成衣化较高的国家标准规格可适用于所有类型的服装产品；另一方面，标准规格所采用的尺寸都是"内限尺寸"（也称为基本尺寸），这为各类服装标准化的统一提供了根本前提。因为，作为消费者来说，无论选择哪种衣服，基本尺寸都是不变的，至于放松量的多少都是设计师的问题。因此，只要将基本尺寸在成衣中标明，任何服装都可以和选购者对号，同时为设计者提供基本依据。

（4）易记　在服装规格中并非越简单越好，它是将必须标明的尺寸，用概括、说明性强、容易记忆的代码加以表示，方便广大的消费者加深记忆和方便使用。

（5）通用　服装号型规格具有专业的行业规范性，具有高标准、科学性强的特点，适用于所有服装行业，本身具有较高的通用性能。

第二章 服装缝制基础工艺

服装缝制基础工艺是实现各项设计和裁片组合具体实施的操作工序阶段，主要是研究服装缝制成型工艺的加工路线和操作技术。由于服装的品种繁多、结构各异、款型多变、档次参差不齐，因此工艺要求也不同，它直接关系到缝制效率、缝制质量和缝制后的外观视觉美感。这就要求缝制者必须具备服装缝制基础工艺的系统技术知识，掌握各种服装缝制基础工艺的操作技能。各种基本缝法示意如图 2-1 所示。

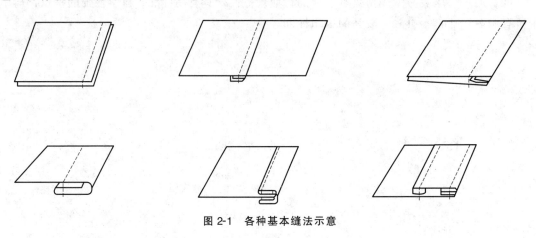

图 2-1　各种基本缝法示意

第一节　手缝基础工艺

一、手针缝制基础工艺

手针工艺是服装缝纫工艺的基础工艺，是使用手针、缝线及其他材料和工具，通过手工来缝制产品的操作工艺。手针工艺又可称为手工缝纫或手工针法，它是一项传统的工艺加工，可弥补缝纫设备无法实现的技能，且因其机动灵活，对一些高档呢绒、丝绸、裘皮服装的缝制及装饰，手针工艺无法替代，可作为机缝工艺的辅助工艺。尤其在加工缝制一些高档服装时，有些工艺必须由手工缝纫来完成。

由于手针发展的历史悠久，使今天的手针针法变化多样，按针法不同有平针、回针及斜针；按线迹外观形状有三角形、旋转、竹节、十字形等；按缝绣图形有平绣、缎绣及双面绣等。在不少服装品种的生产中，手针工艺是必不可少的，是机缝工艺难以替代的。

二、手缝工具

1. 手缝针

手缝针又称手针，针孔一般为细长的椭圆形，是手工缝制服装的主要工具，也是常见工具和必备工具。手针又可根据其外形分为长针、短针、粗针和细针。市场上出售的手针，其长短粗细用针号来表示：针号越小，则越粗越长；针号越大，则针越细越短。粗针的针眼大，适于纫粗线；细针的针眼小，便于纫细线，这就决定了缝制厚衣料时用粗针，缝制薄衣料时用细针。手针的型号一般有 1～12 号。手缝一般常用的是 6～7 号手针。缝制化纤及丝绸织物常用 8～9 号手针，锁眼钉扣通常用 4～5 号手针。手缝针号与缝线粗细关系如表 2-1 所示。

表 2-1　手缝针号与缝线粗细关系

针号	1	2	3	4	5	6	7	8	9	10	11	长 7	长 9
直径/mm	0.96	0.86	0.78	0.78	0.71	0.71	0.61	0.61	0.56	0.56	0.48	0.61	0.56
长度/mm	45.5	38	35	33.5	32	30.5	29	27	25	25	22	32	30.5
线的粗细	粗线			中粗线				细线		绣线			
用途	厚料			中厚料				一般料		轻薄料			

2. 剪刀

用于服装裁剪的刀具有若干种，有裁剪、修片用的大剪刀与缝制过程的小剪刀如图 2-2 所示；还有修剪线头用的小纱剪，如图 2-3 所示；以及具有美化功能的各式功能剪刀，如能够剪出花边的花式剪刀等。各种剪刀以刀口锋利、咬合顺适为佳。

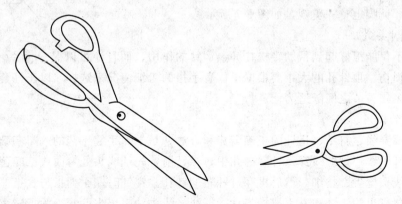

图 2-2　裁剪、修片用的大剪刀与缝制过程的小剪刀

3. 顶针箍

顶针箍民间也称为顶针，是一种用金属（铜或铝）制成的护指套。手针缝纫时，戴在右手中指第二节上起到辅助扎针和运针顺畅的作用。顶针上有密密麻麻的坑窝，用于抵住针鼻，作用是防止运针时打滑，使手针更加容易穿透面料而不至于伤及手指，如图 2-4 所示。

4. 镊子

镊子是主要用于拔取线头和穿线时用的辅助工具，也可用于翻领角、翻袋角，也用于机缝时辅助手指推送衣料进行机缝作业，方便操作准确又起到了安全保护的作用。选择镊子的标准是要其自身具有弹性好和镊尖咬合完整无错位现象等，如图 2-5 所示。

图 2-3　修剪线头用的小纱剪　　　　图 2-4　顶针箍　　　　　　图 2-5　镊子

5. 锥子

锥子是由尖头和针柄组成用来钻孔的工具，主要用于拉领尖和挑衣摆角或拆掉缝合线

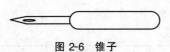

图 2-6　锥子

等。在机器绲缝时，锥子也常用于辅助推送衣料，使较厚的衣料能够顺利缝合。锥子本身应具备顶端尖锐、刚性牢固、顺手好用等特点，如图 2-6 所示。

三、手针工艺的手势

1. 拿针的方法

拿针时，手要轻巧灵活，不能大把攥针，要用拇指和食指捏住针的上段，无名指和小指要伸开。用不同的针法缝制时，手指起着不同作用，有时用两个手指起夹子的作用，有时起支撑的作用，有时起压住衣料的作用。要注意，捏针时针的尖不要露出太多，运针时应将顶针抵住针鼻，用微力使缝针穿过衣料。入针要稳，拉线要快，当线快拉到头时用力要轻，这样入针既准确、快速，针脚也整齐美观，如图 2-7 所示。

2. 手缝时要戴顶针

戴顶针不仅能很好起到帮助轻松扎针、运针的作用，而且还可以保

图 2-7　手针工艺

护手指不受损伤。顶针孔的大小要根据操作者手指的粗细情况来选择，以正好套在右手中指第一关节到第二关节之间舒适为佳。

3. 针线的使用

熟练掌握穿线、打结、运针的正确姿势和方法，是学习手缝工艺的入门基础。

(1) 穿针引线　把缝线穿入针尾的孔中，穿针前，先把线头处弯曲或已经蓬松的多余纤维剪去，把线头捻尖、捻细，然后再穿过针尾的针孔。穿针时左手拇指与食指捏针，中指把针抵住，针尾露出约 1cm；右手拇指与食指捏线，线头约露出 1.5cm。为了防止穿线时双手颤动，可用右手的无名指抵住左手的中指或无名指。线头穿过针孔以后，右手顺势捏住线头将线拉入、打结，必要时可选用穿针器，提高穿针速度和效率。

(2) 打起针结　打起针结（图 2-8）在缝纫起始时起止住线头，起到防止脱出的作用。打结时，左手捏住穿好线的缝针和线，用右手的拇指和食指捏住线头，拉直线，然后把线头在食指上绕一圈，再将拇指向前，食指向后，摩擦捻动，使线头卷入圈内，捋下，收紧线

圈，即成起针结。线结要求打得光洁，线头从结中尽量露出较少。线结不宜大或过小，过大不美观，过小易从衣料的空隙中脱出，如图 2-8 所示。

图 2-8　打起针结

（3）打止针结　左手拇指、食指在离止针处上端约 3cm 处把缝线捏住，右手将缝线甩成一个线圈，针从圈中穿出可反复穿二三转，但不能多穿，否则会拉不动。右手持针拉线，左手拇指在止针处捏住线圈，渐渐收小线圈，拉紧，即成止针结。打结后要求针结紧扣在布面上。剪线时挨紧布面，不要使线头露出过长，注意不要剪到线头，使结松散失去作用。打止针结如图 2-9 所示。

4.常用的手针工艺

在现实应用中手针工艺的针法繁多，常见的就有拱、缲、缭、锁、钉、串等针法。在缝制的线迹上有一字形线迹、二字形线迹、八字形线迹和各种花形线迹等。通常我们将手针工艺统称为"手缝"。因

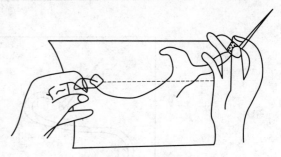

图 2-9　打止针结

此，当它和具体针法相结合时，就成为复合名词，如拱缝等。

（1）打线钉　打线针是服装行业的一种传统工艺，又称打泡线，主要起定位作用，多用于呢绒服装两对称或对应衣片上关键部位定位而用。由于呢绒服装多属高档服装，在面料上画线，易造成面料污渍，且污渍不易去除。另外，对于有起绒、缩呢处理的毛织物，画粉印也较困难，故无需画线，用打线钉方式较合适。一般女装线钉要打在净缝处，男装除底边，折边部位缝在放缝上，其他应打在净缝处。打线钉属于衍针工艺。

打线针一般用白色的棉线，因为棉线性质柔软、软涩，绒头较长，线钉缝好后不容易脱落。打线钉时，可以根据原料的厚薄，采用单线打双针，或者双线打单针的方法。操作时，首先要把裁片在案板上铺平摆顺，上下对正、对齐，按照自上而下的顺序进行操作。

线钉的针码距离，不要过远，针脚不宜过大，可按需要而定。例如弧线部位的针码应小点，直线部位的针码应大点。要缝齐缝准，才能起到标志的作用。线钉不宜过长或过短，长了和短了都容易脱落，而且影响准确性。尤其太短了，还会造成剪破衣片的意外事故。另外，在两层衣片中间剪开线钉时，剪刀一定要水平，切不可歪，这样才不致剪破衣片。

打线钉在走针时，与上述针法基本相同。第一针向下扎，当缝透底层衣料时，立即向上挑缝，同时将针拔出，这就算缝完一针。每针的针距为 3～5cm。针码距离，一般以 4～6cm 为宜。

线钉缝完后，先将表面层的线剪断，线钉拉长为 0.3～0.5cm，由中间剪断，头散开

即可。

线钉缝完后，先将表面层的线剪断，留线头长为 0.6cm。然后将上层衣片掀起，把线钉拉长为 0.4cm，由中间小心剪断，剪刀要握平稳，防止剪破衣片。

随后把上层长线修短，这样白色线钉留在部位线上，作缝制熨烫标记。打线钉如图 2-10 所示。

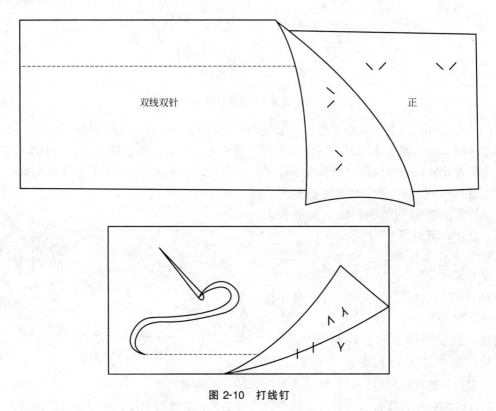

图 2-10　打线钉

打线钉的工艺要求为线迹需直顺，直线处可稀疏些，转弯处及重点处要密些，在直角部位交叉点处线迹呈十字形。

（2）三角针　三角针又称花绷针、黄瓜架。针法有一定的固定作用，可单片装饰或布块的拼接装饰。

三角针是由一条手缝针线形成，三角针多是用于服装的折边处，使边丝缕不易脱落，由左向右倒退操作的一种针法。例如，毛料裙子的底边、衩边等均可用此针法。

这是一种内外交叉，从左向右将缝料依次用平针绷牢，正面不露线迹，缝线不可过紧。常用于衣服贴边缝。三角针呈 V 字形，花绷三角针呈 W 字形。第一针起针，要把线结藏在折边里，将针插入距折边上端 0.7cm 的位置。第二针向后退，斜缝在折边边沿的下层，即衣料的反面，挑穿一两根面料丝，不要缝透针。第三针依旧向后退，缝在折边的 0.8cm 处，第三针与第一针和第二针的拉线成斜角形，角与角相距 0.8cm，每针的斜角线长为 0.8cm。这样循序操作即成三角针。三角针的线路，以三角等距离为基本外形。操作时由左向右，上下交叉地撬牢面料和折边。撬时，底层面料处只能撬一二根纱丝。折边上可以多撬起纱丝，以增强牢度，线迹松紧适宜，不能太松也不能太紧，裙子缝制时裙衩、裙摆等地方需要使用这种针法。三角针如图 2-11 所示。

（3）甩针　甩针又称反缝头，主要起包缝作用，用于呢绒服装省缝边缘处，尤其是剪口处易起毛的衣料，不易包缝，则可甩缝子处理。每针之间距离约0.5cm，针迹均匀、倾斜一致，松紧适宜，边缘不起毛。甩针如图2-12所示。

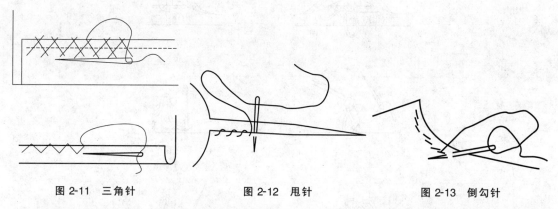

| 图2-11　三角针 | 图2-12　甩针 | 图2-13　倒勾针 |

（4）倒勾针　倒勾针也被称为回针或勾针。它是由一条手缝针线形成。该针法具有弹性较好，线迹牢固，面料正面线迹呈平行连续或斜形，针迹前后衔接。多用于呢绒裤受力较大的裆缝部位，也可用于领口及袖笼弧部位，使它不松弛，起收紧、缩拢作用。倒勾针主要起防止缝料部分拉长和变形，还可起到归拢作用，以增加其缝迹牢度，在线迹密度方面要求横纱部分疏，斜纱部分密。倒勾针如图2-13所示。

（5）扎针　扎针又叫板针或斜针。线迹呈斜形，针法进退均可，正面不露线迹，多用于男夹服袖口贴边和下摆贴边等处，起将部件边缘部位固定作用，如图2-14所示。

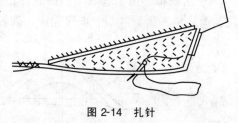

图2-14　扎针

（6）纳针　纳针线迹呈"八"字形，使上下缝料缝合后成自然弯曲状，底针针迹不显露，多用于纳驳头，使其外观自然活络，如图2-15所示。

（7）暗针　暗针又叫拱针。用于止口线不缉线的呢绒服装大身、挂面及衬料三者的固定，但正面不能显露线迹，如图2-16所示。

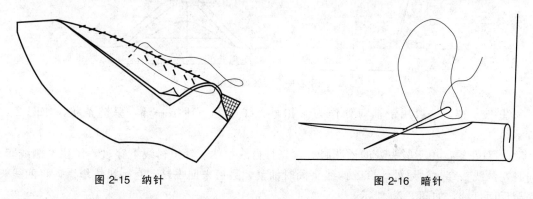

| 图2-15　纳针 | 图2-16　暗针 |

（8）拉线襻　主要用于大衣夹里与底边的连接和门襟上端的纽襻。具体针法：从底边处起针，再缝一针使线成圈状，接着用手指或勾针通过线圈将线勾出，边套勾、边拉紧，形成一条辫子，直至辫子达到所需长度，最后将针穿过尾圈，将辫子在相对的夹里位置上固定。

拉线襻如图 2-17 所示。

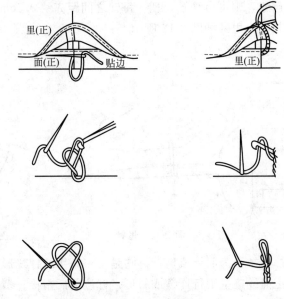

图 2-17　拉线襻

拉线襻　又分为活线襻、梭子襻和双花襻。

① 活线襻。用于衣服贴边摆缝部位面料和夹里的连接，或在裙侧腰里处作为吊带，分起、钩、拉、放、连 5 个步骤完成，如图 2-18 所示。

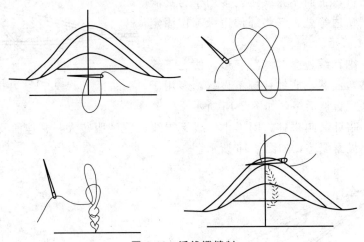

图 2-18　活线襻缝制

② 梭子襻。一般用于袖口处作为假扣眼。线迹为一环扣一环，呈链条状，如图 2-19 所示。

③ 双花襻。用于驳头处的插花眼。首先打衬线，然后针由衬线下穿过，压住左侧线套，同时左侧线头穿过针尾处线套。两线头同时抽紧，最后来回重复，直到衬线填满，将两线头穿至反面打结，如图 2-20 所示。

（9）打套结　打套结（图 2-21）主要用于中式服装开衩口、裤子门襟、袋口两端等部位，打套结的作用是加固服装开口封口处，特别是受力较大又频繁的开口处，增加其牢度并兼有装饰美化之效，针距要整齐，线应缝在衬线下的面料上。针法如同锁扣眼。

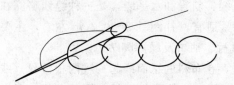

图 2-19　梭子襻缝制

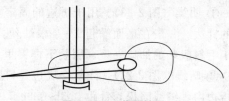

图 2-20　双花襻缝制

步骤	图示	步骤	图示	步骤	图示
1	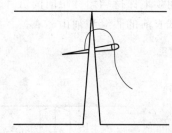	2		3	
步骤	图示	步骤	图示	步骤	图示
4		5		6	

图 2-21　打套结

（10）寨针　即衍缝，分为直寨、斜寨、卷边寨，用于服装的两层或多层的定位缝合或临时固定。主要是为服装加工中的机缝工序服务的，目的是使服装的部位或衣料之间不移位，作为临时固定的寨线必须拆除。起针方向为自右向左，一上一下运针。寨针缝制如图 2-22 所示。

（11）缭针　缭针起半缝合作用，用于布片与布片间的折叠缝合，多用于服装的下摆、袖口、脚口等折边的处理方法。一般衣料表层不显露明显针迹，分为明缭、暗缭、对缝、人字形缭缝等。

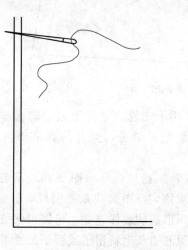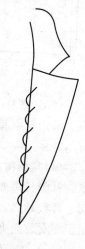

图 2-22　寨针缝制

① 明缲（图2-23）。用于折边的固定，分为直缲、斜缲和水平缲，是一种缝线略露在外面的针法。一般在正面缲起1～2根纱丝，缝线松紧适宜，针距0.2～0.3cm左右，主要应用于毛料服装的袖口夹里、服装下摆夹里、领底里衬、袖口及缲裤脚贴边。

② 暗缲（图2-24）。线缝在底边缝口内的针法，在布料的正面缲起一或两根纱丝，线藏在折边内，缝线略松，针距0.3～0.5cm左右。在应用时，使用与面料相同的色线，通常用于裤脚、毛料服装的下摆、领子下口和袖口等部位。

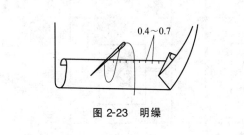

图 2-23 明缲

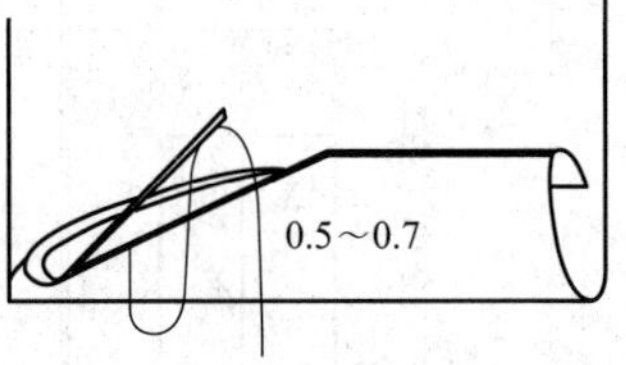

图 2-24 暗缲

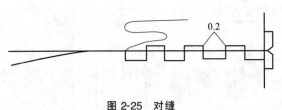

图 2-25 对缝

③ 对缝（图2-25）。多用于西装领上的驳领驳角与领角的缝合，将两个折边连接如车缝状态且看不到线迹的方法。

（12）拱针 拱针是手针缝纫最基本的针法，多用于外衣大身正面止口处及裤子侧缝止口处，具有一定的装饰作用，一般为暗拱，距边缘0.5cm，针距0.6cm左右，在正面仅露微小针迹。操作时，手针一上一下自右向左，按照先上后下，按规定的缝纫线路，连续地保持均匀针距向前进针。保持针距相等，线路直顺或圆顺，拉线松紧适宜。主要用于试衣前的假缝和袖山、衣摆、袋底等圆角部位的缩缝。拱针如图2-26所示。

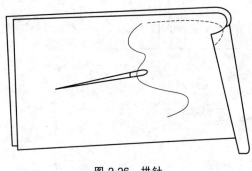

图 2-26 拱针

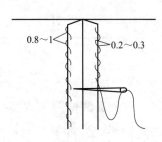

图 2-27 环针

（13）环针 用手工缝合裁片毛边，防止丝缕脱散，一般在边缘绕缝，针距0.7cm左右。适用于夹里服装的缝份，剪开的省道等，均可用环缝针法处理毛边。环针如图2-27所示。

（14）杨树花针 杨树花针（图2-28）是装饰女装的一种花色针法。该针法的线迹松紧、针脚长短要求均匀。图案线条要圆顺，针法可分为3种花型：一针花、二针花、三针花。针数越多，所形成的纹样越宽。可以根据装饰部位的具体要求来确定使用的针法。通常用于绷女装活夹里底边及毛料裙子或裤子的腰里等。

（15）竹节针法 将绣线沿图案的边缘缝制，每隔一定的距离横向挑缝衣料并作为套结。

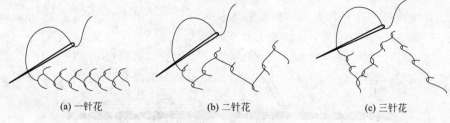

(a) 一针花   (b) 二针花   (c) 三针花

图 2-28 杨树花针

一般用于锁贴绣图案的轮廓线。竹节针法如图 2-29 所示。

（16）嫩芽针法 　嫩芽针法（图 2-30）也称 Y 形针法，一般用于童装或女装上的装饰点缀。其方法是：将套环形针法分开，缝制成嫩芽状。

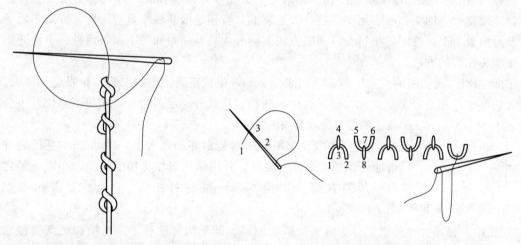

图 2-29 竹节针法   **图 2-30 嫩芽针法**

（17）水草针法 　先缝下斜线，再缝横线和上斜线，线迹的长度、角度、宽窄要求一致，形成水草图案。水草针法如图 2-31 所示。

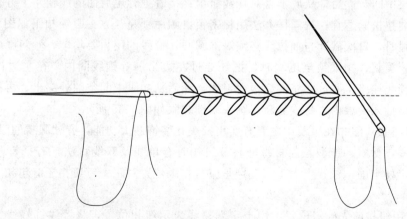

图 2-31 水草针法

（18）穿环针法 　先用绣线均匀地缝平缝线迹，然后在线迹的空隙中用另一色线补缝，成为回形针状，再用第三种色线穿绕成波浪状，最后用第四种色线以同样的手法穿绕，形成连环状。穿环针法如图 2-32 所示。

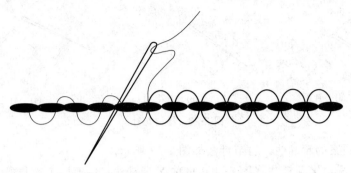

图 2-32　穿环针法

（19）锁扣眼　锁扣眼又叫锁纽孔。扣眼分平头扣眼及圆头扣眼两种，有实用及装饰功能，针法较复杂。圆头扣眼多用于高档外衣服装上，特别是服装较厚重时采用。方眼多用于内衣及薄型服装上，有时需垫衬布。锁眼方法上可分为机器锁眼和手工锁眼两种。下面介绍手工锁圆头扣眼的方法。

① 画扣眼。画扣眼的位置应超出叠门线 0.3cm，位置正确。整件衣服的扣眼应一样大。纽洞大约等于纽扣直径加 0.3cm：纽洞过大，纽扣容易脱开；纽洞过小，扣纽不方便，也会给纽洞带来二次破坏。

② 剪扣眼。先用扣眼划粉划好扣眼大小，用 0.3cm 直径的皮带冲子在扣眼头冲一圆洞，并用锋利刀片将扣眼划开，扣眼在锁之前一般需在纽洞周围 0.3cm 处打衬托线。画扣眼、剪扣眼如

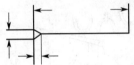

图 2-33　画扣眼、剪扣眼

图 2-33 所示。

③ 锁眼。锁纽孔在外观上分为方头、圆头两种。加工的方法有手工封锁和机器缝锁之分。根据衣料的厚薄不同，可选择单股线、双股线或三股线。圆头纽孔常用于毛呢等较厚的服装上，方头纽孔多用于一般厚度的外衣上。纽孔打大小为纽扣的直径加上 0.2cm 左右。锁眼时，左手的食、拇指捏牢扣眼左边，食指在扣眼居中处把扣眼撑开；从扣眼尾部下针，线头藏在夹层中间，然后针从底下将衬托线戳出；接着把针尾后面的线朝左下方套住针尖的下面，锁线抽拉松紧适宜；按同样方法用针密锁，顺序锁完。方头眼锁扣眼如图 2-34 所示。锁至圆头扣眼时，每次戳针与抽拉线必须对准圆心，拉线的用力要均匀，倾斜度要一致，保持圆头整齐、美观。扣眼锁至尾端时，把针穿过左边第一针锁线圈内，在左边衬托线旁戳出，使尾端锁线连接，并且在尾端缝两行封线，最后从扣眼中间空隙处穿出，再戳向反面打结，并将线结抽入夹层内，将线剪断。圆头眼锁扣眼如图 2-35 所示。

（20）钉纽扣　纽扣在服装中主要有实用及美化装饰两大功能，有"服装的眼睛"之称，纽扣种类繁多，材质、造型、色彩纷呈。钉纽扣时有单线及双线钉法，有平钉及线柄钉两种。钉扣一定要牢固，位置应端正，特别是应与扣眼位置对正。钉纽扣还有包扣、钉撖扣及钉勾扣之别。

① 钉实用纽扣前先确定位置，用十字划粉线表示纽扣位置，将缝线打好线结，然后在衣片的表面挑缝横竖两针，使线结在衣片的表面上，再从正面下针至下底再将针挑起回到正面，下针与回针距离约 0.3cm。

② 在下针与回针之间放一截药棉棒，再用针将纽洞眼穿上，原则上四下四。

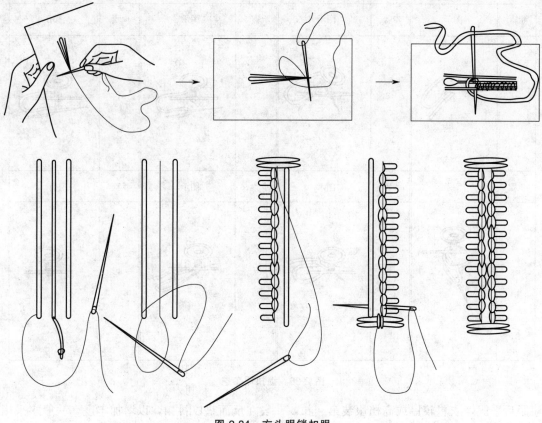

图 2-34　方头眼锁扣眼

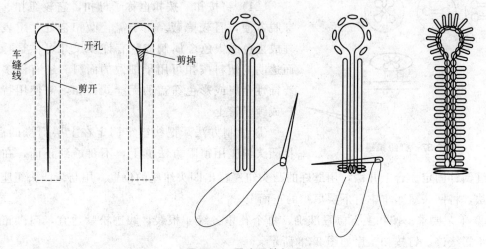

图 2-35　圆头眼锁扣眼

③ 将棒子抽去，绕纽柄，一般缠绕 6～8 圈，高度约为 0.3cm。

④ 针由正面穿入反面，打结后针从交叉穿入夹层内剪断。纽扣钉工艺，如图 2-36
所示。

⑤ 普通纽扣有两孔、四孔，缝钉后一般形成"一"、"二"、"X"线迹。缝时缝线略松，
并在钉线四周缠绕 4～5 圈，使之成为长约 0.3cm 的线柄，衣料越厚，线柄越长。使扣进入

步骤	图示	步骤	图示	步骤	图示	步骤	图示
1	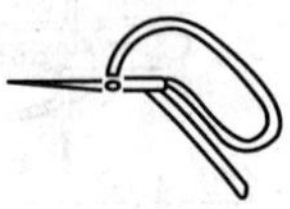	2	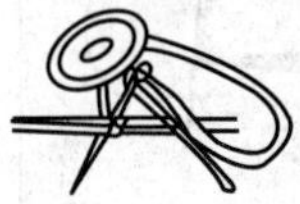	3	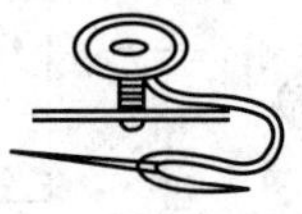	4	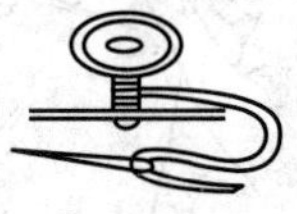

步骤	图示	步骤	图示	步骤	图示	步骤	图示
5	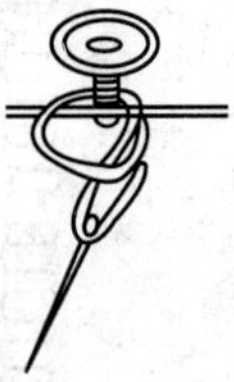	6	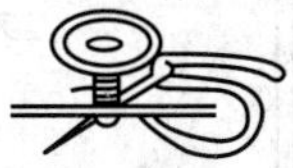	7	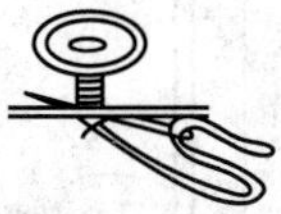	8	

图 2-36 锁扣眼工艺

纽眼后平服，衣料较厚或高档服装第一扣，一般在反面垫以衬扣，以增加牢度，一般多采用双线钉扣。钉纽扣缝制如图 2-37 所示。

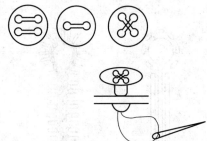

图 2-37 钉纽扣缝制

（21）钉按扣 按扣也称子母扣，它较纽扣、拉链穿脱方便，且较隐蔽。用于需轻微扣合处，用表面处理成黑色或银色金属制成，有许多尺寸可供选择。小而透明的塑料按扣可用于细致的面料。还有许多种有装饰性金属或彩色纽盖的无缝式按扣，需使用特制工具或锤子钉上。

① 缝制方法。把线牢牢固定在上层门襟的后面。将凸头纽座用锁眼方法缝上，不要透到正面，在纽座边缘缝倒针固定。合上开襟，用缝好的凸头纽座标出凹头纽座的位置，用与缝凸头纽座相同的方法，将凹头纽座牢牢钉下层里襟的正面上。

② 工艺要求。按扣上下位置准确，每个孔里各缝 4 根线，线迹松紧适宜，门襟正面平服且不露线迹。钉按扣工序如图 2-38 所示。

（22）钉钩扣 钩扣的大小、形状较多，应根据服装的位置功能进行选择。衣服上用小领钩，腰带、裤子上用裤钩。

① 裤挂钩的缝制要点。要使其在服装上位置固定并且牢固，否则其使用效果会不佳。裤挂钩是金属片经冲压而成的，一方为钩，一方为袢，钩和袢上带有固定的缝缀孔，所以其缝缀位置是明确的。裤挂钩比小领钩大而结实，可以用于吃劲的部位，如腰带上的固定物。一般使用裤挂钩时，钩在上、袢在下，其缝缀位置按此原则决定就可以。

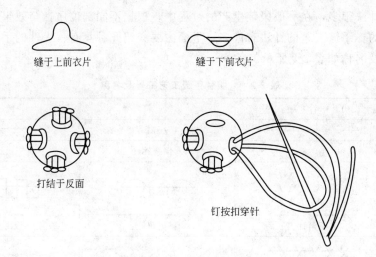

缝于上前衣片　　　缝于下前衣片

打结于反面

钉按扣穿针

图 2-38　钉按扣工序

将线打结后在面料上穿一针、倒一针，以固定缝缀位置。钉缝挂钩时为固牢起见必须使双线。钉缝裤挂钩需用锁扣眼针法钉缝，在缝缀孔上有一个个小锁结，一直圈钉满为止。

将所有的缝缀孔都钉缝好后，应该看到每一个缝缀孔周围缝线，而且锁结一个挨一个布满线孔周围呈环状。裤挂钩的缝制如图 2-39 所示。

② 小领钩的缝制。小领钩是用金属丝弯曲而成的，一方为钩，一方为袢。习惯上将钩放在上方衣片后面，将袢放在下方衣片正面。

固定好的领钩和领袢咬合时衣服是定位的。因此，钩与袢的缝缀位置非常重要。缝缀小领钩时，也用锁扣眼针法，必须注意到三点固定，只缝后面的双环是不够的，还要在钩下方和袢环两侧再固定，才可以使其具有稳定感。

小领钩在很薄的面料上缝缀时会显得过于硬挺，使穿着不舒服。此时，可以不钉金属的袢环，用手针缝一个线袢替代效果会更好。因此，线袢与金属袢相比是不定型的，所以线袢所需要长度为 0.3cm，位置退后 0.2～0.3cm，这样可以使小领钩的钩袢容易些、方便些，同时又保证了钩合后的严密性。小领钩的缝制工艺如图 2-40 所示。

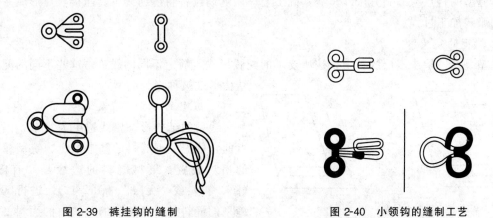

图 2-39　裤挂钩的缝制　　　　　**图 2-40　小领钩的缝制工艺**

手针工艺除以上外，根据需要还有平钉针、寨针、迭针、绗针及缝针等。服装手缝工艺就是运用手针缝合衣片的各种工艺形式，它具有灵活多变的特点。虽然目前大部分服装生产工艺采用机器操作，但在某些部位，尤其是在精制高档毛料服装时，机器依然代替不了手工操作。手缝的针法很多，在一般服装生产的过程中，根据不同部位质量与效果的需要，采用的针法是不同的。手缝工艺的针法有许多，下面主要介绍几种具有代表性的手针针法。服装手缝工艺符号及名称如表2-2所示。

表 2-2　　服装手缝工艺符号及名称

名　称	针	线　钉	缲　针
符　号	— — —	\ / \ / \ / \ /	⁄ ⁄ ⁄ ⁄
名　称	纳　针	倒钩针	拱　针
符　号	|/ |/ |/	∿∿∿	⊓_⊓_⊓_⊓
名　称	三角针	杨树花针	线　绊
符　号	XXXXXX	∧∨∧∨∧	∞∞∞∞∞∞
名　称	打套结	锁眼	钉　扣
符　号	▰▰▰	⊸	⊙

第二节　车缝基础工艺

一、基本缝型与缝纫方法

服装是由一定数量的衣片构成的，衣片之间的连接线叫做"衣缝"。由于服装款式不同、面料不同，因而在缝制过程中所采用的连接方式也不相同，并由此形成了不同的缝型。每一种缝型要求不同的缝份宽度，缝份的加放对于服装的成品规格起着重要的作用。因此，缝型不仅是服装缝制的问题，也关系到服装的结构设计。为了熟练掌握服装缝制工艺，首先要掌握基本缝型的特点与缝制方法。车缝基础工艺即用缝纫设备将缝纫线串套连接衣片形成一件完整的服装加工过程。

1. 缝型的定义

缝型是在一层或多层缝料上，按所要求的配置形式，缝上不同的线迹，这些不同的配置结构形式被称之为缝型。

2. 缝型的分类标准及编号

缝型的结构形态比线迹更为复杂，国际上通常依据缝型缝料的基本数量、缝型缝料的相对位置、缝型缝料的边缘是"有限"（图2-41）或"无限"（图2-42）。进行区分缝型的缝料是指所缝接的一块块的面料。所

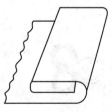

图 2-41　"有限"边缘缝料

谓"有限的"是指缝料的一端或两端的边缘宽度有一定规格。通常情况下，这个宽度是按照既定规格来鉴定，"有限"边缘通常用直线表示。当"有限"边缘长度改变，如缝料延长，原有缝料所属之缝型类别也会随之改变。

所谓"无限"是指缝料的一端或两端的边缘可以延伸至任何长度，且不影响缝型本身的结构。"无限"边缘通常用于波浪线形表示。边缘"无限"缝料，无论其宽度如何改变，都不会影响到其所属的缝型类别。

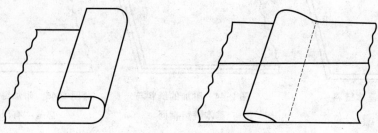

图 2-42　"无限"边缘缝料

　　缝型按国际标准和根据所缝合的衣片数量及配置方式可分成 8 类。缝型的编号通常用 5 位阿拉伯数字表示。第一位数字表示该缝型所属类别；第二位、第三位数字用于表达缝料的排列形态，通常用 01、02…99 表示法，第四位、第五位的数字用于表示缝线穿刺布片的部位和形式，有时也表示缝料之间的位置排列关系，缝型结构与编号如表 2-3 所示。

表 2-3　缝型结构与编号

1.01	8.02	3.03	6.03
2.04	3.05	5.06	4.07
7.15	1.23	5.31	7.75
6.06.01	1.06.02	6.03.03	2.04.04

3.03.08

3. 基本缝料与附加缝料的 8 类缝型

　　① 第一类缝型。最少由两块缝料组成，两块缝料"有限"边缘位于同一侧，如图 2-43 所示。

　　第一类缝型的附加缝料，可以与两块基本缝料中的任何一块相同或两端边缘都是"有限"缝料组合而成，分别如图 2-44、图 2-45 所示。

　　② 第二类缝型。最少由两块缝料组成，两块缝料的"有限"边缘各在一端，形成一高一低的重叠结构，如图 2-46 所示。

图 2-43　基本缝料　　　　　　　图 2-44　附加的缝料与　　　　　图 2-45　附加缝料两端的边缘
　　　　　　　　　　　　　　　　　　　基本缝料相同　　　　　　　　　　都是"有限"的缝料

第二类缝型的附加缝料，可以与两块基本缝料中的任何一块相同或缝料两端的边缘都是"有限"的，分别如图 2-47、图 2-48 所示。

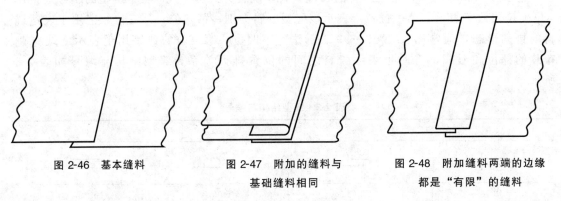

图 2-46　基本缝料　　　　　　　图 2-47　附加的缝料与　　　　　图 2-48　附加缝料两端的边缘
　　　　　　　　　　　　　　　　　　　基础缝料相同　　　　　　　　　　都是"有限"的缝料

③ 第三类缝型。由两块或两块以上的缝料组合而成。其中一块缝料的一端边缘是"有限"的，而另一块缝料两端边缘都是"有限"的。"有限"的缝料对折包住第一块"有限"缝料的边缘，如图 2-49 所示。

第三类缝型的增加缝料，可以与两块基本缝料中的任何一块相同或两端的边缘都是"有限"的，分别如图 2-50、图 2-51 所示。

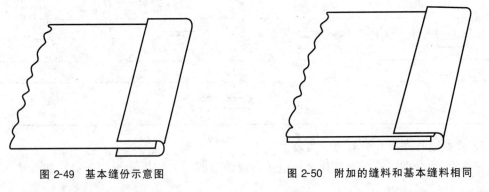

图 2-49　基本缝份示意图　　　　　　　　　图 2-50　附加的缝料和基本缝料相同

④ 第四类缝型。最少由两块缝料组合而成。两块缝料"有限"边缘相对，并位于同一水平，如图 2-52 所示。

第四类缝型的附加缝料，可与基本缝料相同或是两端的边缘都是"有限"的，分别如图 2-53、图 2-54 所示。

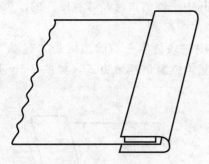

图 2-51　附加缝料两端的边缘都是"有限"的缝料

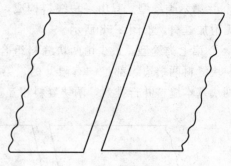

图 2-52　基本缝料

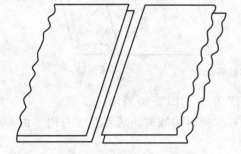

图 2-53　附加的缝料和基本缝料相同

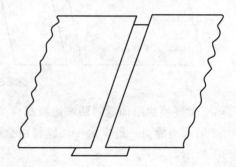

图 2-54　附加缝料两端的边缘都是"有限"的缝料

⑤ 第五类缝型。最少由一块缝料组合而成。基本缝料两端的边缘都是"无限"的，如图 2-55 所示。

第五类缝型的附加缝料可以一端边缘是"有限"的或两端边缘都是"有限"的，分别如图 2-56、图 2-57 所示。

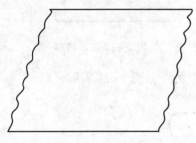

图 2-55　基本缝料

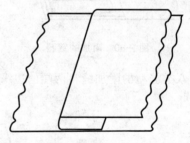

图 2-56　附加的缝料和基本缝料相同

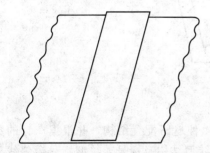

图 2-57　附加缝料两端的边缘都是"有限"的

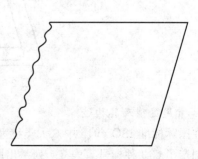

图 2-58　基本缝料

⑥ 第六类缝型。只由一块缝料构成，并且缝料其中一端的边缘是"有限"的。该类缝型无附加缝料，如图2-58所示。

⑦ 第七类缝型。最少由两块缝料组合而成，其中一块缝料一端的边缘是"有限"的。另一块缝料两端边缘都是"有限"的。第七类缝型基本缝料的摆放方式，如图2-59所示，为两块基本缝料并行排列，两块缝料相互重叠。

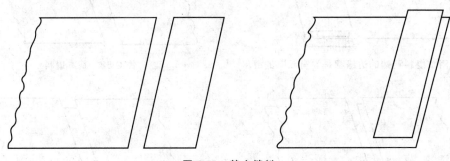

图 2-59　基本缝料

第七类缝型的附加缝料两端边缘都应是"有限"的，如图2-60所示。

⑧ 第八类缝型。最少由一块缝料组合而成。基本缝料两端的边缘都是"有限"的，如图2-61所示。

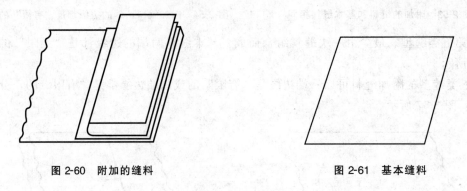

图 2-60　附加的缝料　　　　　　　　　　　图 2-61　基本缝料

第八类缝型的附加缝料两端的边缘都应是"有限"的，如图2-62所示。

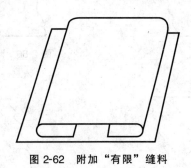

图 2-62　附加"有限"缝料

4. 常用缝型及其构造

在国际标准 ISO 4916 中八大类缝型共列举了284种缝料配置结构，并根据车针的穿刺形式制定了543种标号。表2-4列举出服装生产常用缝型结构及标号。缝型标号后斜线下方数字为选用的线迹标号。

表 2-4 服装生产常用缝型结构及标号

缝线类型	缝型名称(ISO 4916、ISO 4915)	缝型构成示意
包缝类	三线包缝合缝 (1.012.01/504 或 505)	
	四线包缝合缝 (1.01.03/507 或 514)	
	五线包缝合缝 (1.01.03/401+504)	
	四线包缝合缝(加肩条) (1.23.03/512 或 514)	
	三线包缝包边 (6.01.01/504)	
	二线包缝折边 (6.06.01/503)	
	三线包缝折边 (6.06.01/505)	
	三线包缝加边 (7.06.01/504)	
锁缝类	合缝 (1.01.01/301)	
	来去缝 (1.06.02/301)	
	育克缝 (2.02.03/301)	
	滚边小带 (3.01.01/301)	
	装拉链 (4.07.02/301)	
	钉口袋 (5.31.02/301)	
	折边 (6.03.04/301 或 304)	

缝线类型	缝型名称(ISO 4916、ISO 4915)	缝型构成示意
锁缝类	绣花 (6.01.01/304)	
	缲边(毛边) (6.02.02/313 或 320)	
	缲边(光边) (6.03.03/313 或 320)	
	缝扁松紧带腰 (7.26.01/301 或 304)	
	缝圆松紧带腰 (7.23.01/301 或 304)	
	钉商标 (7.02.01/301)	
	缝带衬布裤腰 (7.37.01/301＋301)	
绷缝类	滚边 (3.03.01/602 或 605)	
	双针绷缝 (4.04.01/406)	
	打裥 (5.01.03/406)	
	折边(腰边) (6.02.01/406 或 407)	
	松紧带腰 (7.15.02/406)	
	缝串带襻 (8.02.01/406)	
链缝类	单线缉边合缝 (1.01.01/101)	
	双链缝合缝 (1.01.01/401)	

缝线类型	缝型名称（ISO 4916、ISO 4915）	缝型构成示意
链缝类	双针双链缝双包边 (2.04.04/401+404)	
	双针双链缝犬牙边 (3.03.08/401+404)	
	滚边（滚实） (3.05.03/401)	
	滚边（滚虚） (3.05.01/401)	
	双针扒条 (5.06.01/401+401)	
	双链缝折裥 (5.02.01/401)	
	双链缝缲边 (6.03.03/409)	
	单链缝缲边 (6.03.03/105 或 103)	
	锁眼（双线链式） (6.05.01/404)	
	双针四线链缝松紧腰 (7.25.01/401)	
	四针八线链缝松紧腰 (7.75.01/401)	

注：1. 机针刺透缝料有两种情况。一种是穿过所有缝料（a）。另一种是机针不穿透所有缝料（b）或成为缝料的切线（c），如图 2-63 所示。

2. 用大圆点表示衬绳的横截面，如图 2-64 所示。

3. 所有缝型如需要多次的缝合过程，则应画出最后一次缝合后的结构。

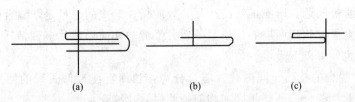

(a)　　　　　　　(b)　　　　　　　(c)

图 2-63　机针穿透缝料形式

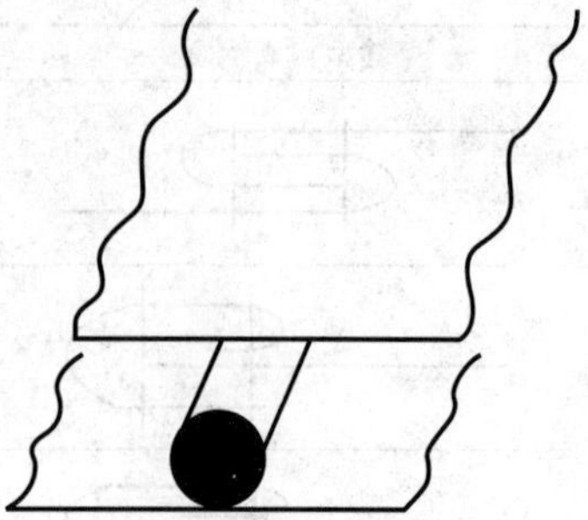

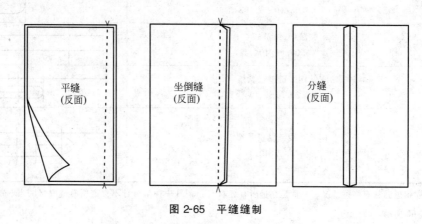

图 2-64　衬绳的横截面

5. 缝型的品质要求

品质优良、结构正确的缝型必须具有足够的缝合力，并且外形美观。

二、常用车缝基础工艺

车缝基础工艺是指服装在缝制过程中，依靠机械来完成缝制加工的技法。随着缝纫机机械的迅速发展，手缝工艺逐渐被越来越智能的机械设备所取代，很多服装品种已经实现了缝制工艺全部机械化，这是服装制造业未来发展的必然趋势。

车缝的总体要求包括：缉线顺直，松紧适宜，缝份等宽，不允许有跳线、断线和不符合要求的弯曲线存在。缝迹要平服，上下片松紧一致，上下线迹要美观，不准出现链形、起皱、损坏布丝等缺陷存在。线迹的疏密程度要根据衣料薄厚、性能及线迹的用途而确定。一般情况下，每 3cm 14～18 针，硬质地面料针距可以稀一点，松软质地面料的针距可以密一点。缉线的首尾都要缉 1～2 次回针，要求按原针迹打回针，不能有双轨迹、拖乱线等现象，防止开线、脱开、裂口和分不开缝的毛病出现。常用的车缝工艺如下。

（1）平缝　平缝也称为缝合或合缝，这是服装缝制中最基本、最常用、最广泛的机缝工艺，是将缝料正面相对，在反面缉线的方式。若将缝头用熨斗或指甲向两边分开，则称之为分开缝或劈缝；将缝头向一侧烫倒，则称之为倒缝。平缝广泛用于上衣的肩缝、侧缝、袖子缝、裤子的侧缝、下裆缝等处。缝制时起、止针应打回针，以防线头脱散，注意缝料平整，缉线顺直，松紧适宜。平缝缝制如图 2-65 所示。

平缝
（反面）

坐倒缝
（反面）

分缝
（反面）

图 2-65　平缝缝制

在平缝中，要掌握上层裁片由于受到压脚的阻力而走得慢，下层裁片由于机牙的推力而走得快的特征。如果顺其自然缝合，势必会产生上层紧、下层松的问题，而产生缝子紧、缝迹不平服、易起皱等问题，影响最终的产品外观质量。解决的途径是，缝合时稍向后拉伸下层，稍向前推送上层，达到两层衣片松紧一致。平缝的几何形裁片多种多样，因此需要各种技巧，归纳起来主要有以下类型。

① 同形裁片缝合的技巧。同形裁片缝合分为：长而直或近似直线的两层缝合；凹势相同或相似的两层裁片缝合；凸势相同或相似的两层裁片缝合。

标对位记号，在裁片的边缘，每隔一段距离标上对位记号，用浅色划粉画短直线或打小三角形剪口均可。

缝合时，先将裁片对齐固定在压脚下面，起缝处先倒针。在缝合过程中，要确保两层裁片的对位记号相互对应，这一技巧是保持裁片对齐的关键，应贯穿于整个缝合过程中。如果出现参差不齐的现象，则不必急着剪掉一块，应拆去缝线，寻找原因，从而作出相应调整。

② 异形曲线裁片缝合的技巧。现以公主线为例说明缝合技巧。公主线型是由一条下凹曲线和一条上凹曲线构成。这种曲线缝合能使胸部凸出。通常公主线型的服装有一个前中片，如采用前打门方式，则有两个前中片，两个前侧片。后片的公主线型同前片。

在前中片、前侧片上标出四个对位符号点。胸部以上是第一个对位符号，以下是第二个对位符号腰节线，臀围线分别是第三、第四个对位符号，在 4 个对位符号点上打剪口或划粉画线。把前中片放在上面，前侧片放在下面，正面相对，缝份对齐、对准，对位符号缉缝。为了使上层前中片的凹势曲线适应下层前侧片的凸势曲线的外形，右手沿着曲线的边缘向前推送下层裁片，左手则向后拉伸上层裁片，以便上层跟着下层凸势曲线移动，这时下层边缘会产生轻微的皱边，上层裁片完全摊平，缉缝时查看对位符号，使缝片平顺等长。

（2）搭缝 搭缝也叫搭拼缝或搭接缝，是指把一块裁片按照搭接方式缝合到另一块裁片上。将两片缝料的缝头互相重叠搭合约 1cm，在中部缉线，可减小缝头厚度。多用于领衬的后中缝、棉袄内衬布拼接、衬布拼接缝。搭缝缝制如图 2-66 所示。

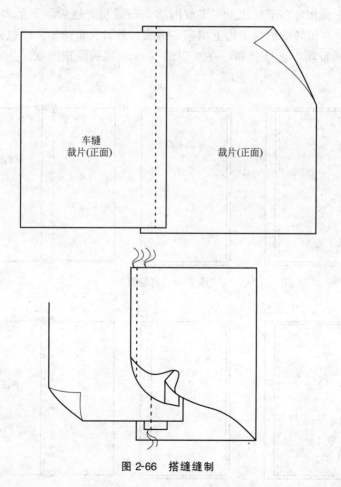

车缝
裁片(正面)

裁片(正面)

图 2-66　搭缝缝制

（3）来去缝 又叫筒子缝或反正缝。先将缝料反面相对，在正面缝一道 0.3cm 缝线，将前次缝的毛茬头包在里面,翻转过来再在反面缝一道,主要用于女衬衫及童装摆缝、袖缝等处,多用于细薄材料的缝制,不必包缝且缝子牢固。来去缝缝制如图 2-67 所示。

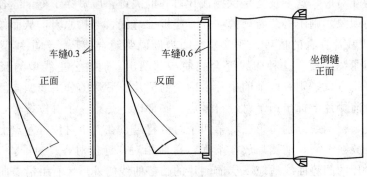

图 2-67 来去缝缝制

(4)包缝 包缝分内包缝(图 2-68)、外包缝(图 2-69)两种。外包缝常用于男两用衫、西裤、夹克衫、卡曲衫、风雪大衣的缝合,产品正面有两条明缝线(面线及底线各 1 条)。后面是一根底线。外包缝又叫正包缝。

内包缝也称为裹缝,常用于肩缝、侧缝、袖缝,涤卡或化纤中山装及平脚裤等单衣类的缝合,两层裁片正面相对,下层比上层多放出 0.8cm 缝份,然后将下层多探出的缝份折转,包在上层缝份上,在折转缝份的毛边上缉第一道线。只缉住布边丝,使包缝平薄,然后把上层布翻过来,理顺布丝,止口扒靠,在正面缉 0.6cm 宽的一道明线。正面可见一根面线,反面是两根底线。

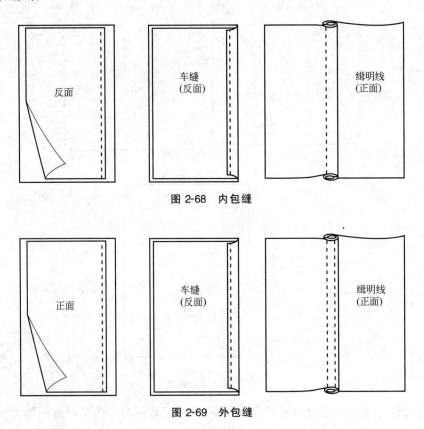

图 2-68 内包缝

图 2-69 外包缝

（5）扣压缝　又叫克缝。扣压缝（图 2-70）是将一侧裁片的毛边扣光，与另一裁片正面相搭合并压缉一道明线，多用于贴袋、袋盖和过肩处。操作时要求针迹整齐，止口均匀，平行美观，位置准确，裁片折边平服，无毛边。常用于男裤的侧缝、衬衫覆肩、贴袋等处。

（6）滚包缝　只有一道缝线将缝料缝头的毛茬均匀包净的缝合方式，其中一片折边夹裹另一片缝合。该缝法既省工又省线，多用细薄面料服装包边用。滚包缝如图 2-71 所示。

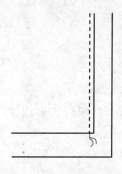

图 2-70　扣压缝

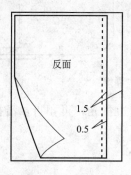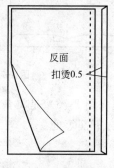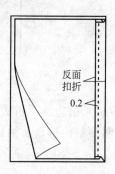

图 2-71　滚包缝

（7）分压缝　分压缝（图 2-72）又叫劈压缝。是在劈缝基础上在缝头一侧再压缉一道线，通常为 0.1cm，可以起到加固作用，也可使缝型更平整。分压缝多用于裤裆缝、内袖缝等处，起装饰作用。

（8）分开缝　分开缝（图 2-73）是在平缝的基础上，将缝头用手指甲或熨斗分开的缝。分开缝要求：先将衣片两片正面叠合，沿着净缝线缝合，然后再将缝朝两面分开。毛呢料、涤棉、涤毛、涤料需用熨斗蘸水少许熨烫分开；棉布、丝绸、黏纤料可用手指甲分开刮平。

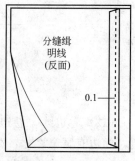

图 2-72　分压缝

（9）分缉缝　分缉缝（图 2-74）即在分开缝基础上，正面在线缝两边各压一道明线的缝。分缉缝具有外观平薄和平面缉线的装饰等特点。它特别适用于不容易分开烫平的面料。

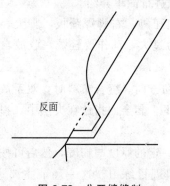

图 2-73　分开缝缝制

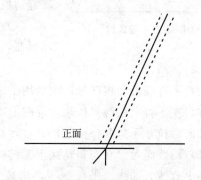

图 2-74　分缉缝

（10）灌缝　灌缝（图 2-75）是一种将线迹藏在折边或分缝槽内的方法。多用于裤、裙腰头、里襟等不见明线部位。先将暗缝缝合成拼接，然后在衣片正面衣缝边缘缉线或将正面的缉线线迹暗藏在缝线分开的凹槽之内。

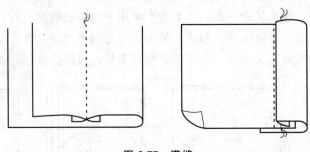

图 2-75　灌缝

（11）折边缝　折边缝（图 2-76）是将裁片边折光，再扣折，沿折边上口缉缝，多用于非透明面料的裤口、袖口、下摆等处。

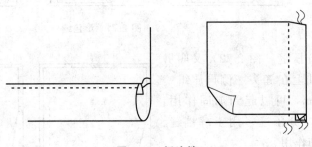

图 2-76　折边缝

（12）卷边缝　卷边缝（图 2-77）是将裁片的毛边折卷两次成三层，再沿折边上口缉缝。卷边有宽窄之分，宽边多用于上衣的袖口、下摆底边和裤子脚口边等，窄边则多用于男衬衫的底摆底边。

三、缝纫机的使用程序

缝纫机是今天从事服装设计和生产必不可少的工具之一，作为一名服装设计者必须熟练了解和使用缝纫机。下面就缝纫机的一些使用常识进行简单介绍。

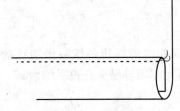

图 2-77　卷边缝

（1）空车训练　抬起压脚，右脚踩踏板，脚尖轻点，启动机器，踩踏板不能用力过大，动作要轻盈，收放自如，需要停车时，踏板松开要及时。

（2）手势练习　机缝时，主要用手来控制缝件和缝纫方向。缝合布料时，双手放在缝件的后方，左手将上层缝料扶住，轻向前推，右手拇指在下，其余四指放在夹层中，捏住下层缝料稍向后拉，手势要保持轻松，自然舒展。

（3）缉线练习　在布料粘接上无纺衬，使缝料具有一定的厚度与韧度，然后可按照练习目的画上直线、曲线、平行线等，承接上述动作按线印进行练习。这一环节主要训练手、脚、眼各自的功能及相互之间的协调配合。要求送布及时，针迹整齐，线迹平整、牢固、松紧适宜，布面平服，停车及时，转角灵活到位。

（4）倒回针练习

① 起针。薄料相叠缉缝，在开端处起针，对准缉缝位置，放下压脚，缝针穿透缝料钩住底线后即可开始缉线。厚料的缉缝，起针应距开端处 1～2cm，然后倒回针缉回开端处，再沿线迹缉缝，注意线迹要重合。倒回针时，右手控制回针杆，脚踩踏板要准确灵活，手、脚、眼配合要高度一致。

② 落针。缝料缉到尽头厚度时，为加固缝迹，可重复缝 2～3 遍，长度为 0.3～0.5cm，注意不要重复过多，以免缝迹加厚导致太硬。

③ 倒回针。对缝迹的加固针法。左手控制缝料的方向，右手轻抬回针杆。要求起落针线迹牢固，无浮线、脱线现象。倒回针一定要在厚缝迹上进行，不能交叉。

四、机缝的基本操作方法

1. 机针与选择

机针也叫做缝针，是一切缝纫机勾线机构的关键机件之一，它的作用是穿刺缝料形成线环。同一类型的机针针柄和机针针杆，长度是固定的，以针的直径大小分号。针杆直径大小与针号的大小成正比，即针杆直径的数值小，针号也小。

缝纫机的针类型较多，形状也各异。用于缝纫服装的机针一般选用圆锥和圆球形针尖，这类针尖有助于扩展纤维不会被切割或损坏织物。对于缝制皮革和帆布则应用交叉针尖、扁平针尖、菱形针尖和方形针尖，才能取得较好的缝纫效果。这类机针实际上是切割和扩展缝料，一般机针的针孔内径与针杆的直径成正比。针孔的直径大于针杆直径的属于"球形针孔"。针孔的直径小于针件直径的属于"直针刃"机针。

2. 缝纫机使用的机针型号

所有的纺织及针织通常都采用圆尖或锥形的针尖，皮革及其他弹性较差的非纺织品材料一般采用切削性尖头针。

国内的服装行业常用的缝纫机机针号型有 96 型或称为 GV9 型、88 型、GV3 型。日本多采用 DA×1、DB×1 和 DC×1 机针。美国多采用 88×1、16×231、214×1 和 SY1315、SY2270、SY4950 机针。每一型号的机针在缝制厚薄不同的缝料时要使用不同粗细的针杆，即应选用不同的针号。机针的型号是对缝纫机的种类而言，而针号是对缝制材料厚薄而言。机针的针号，目前最常用的有"公制"、"号制"和"英制"三种表示方法。在一般情况下，缝制薄、脆、密的缝料应选小号（细）针，缝制厚、柔、疏的缝料应选用大号（粗）针。如缝制薄料用了粗针，由于机针与缝料之间摩擦较大，加以缝料不容易被压脚压住，会发生机针与缝料同时上下移动影响线环的形成，从而引起跳针故障；脆、密的缝料用粗针又会使缝料受到损伤造成残品。如缝制厚料时用了细针，容易造成断针或使机针弯曲。在缝制虽厚但很柔、疏缝料时，虽然使用小号机针也不致损伤缝料，但从用线方面考虑还是选用较大号针为好。在特殊情况下，要缝制既厚又脆又密的缝料时，就只好在保证减少或力求避免断、弯机针的情况下，尽量把针号选得小些。

3. 缝纫线选择

要使缝纫机能够顺利地使用，合理地选用缝线是很重要的一环。优良的缝线必须具备三项基本质量，即缝合性、耐用性和外观美观性。

缝纫线一般可分为三大类：天然（棉纱），人造（多支纱或精纱），混纺（混纺纱、外包精纱）。缝线通常是经过搓捻成为连绵不断、延伸一致的纱线。

4. 纱线的度量有支数和股数两种

（1）支数　单位重量中所含细纱长度称为支数。在单位重量的纱中，支数越大越高，纱径就越细。具体地讲 100 支纱比 80 支纱细，80 支纱比 60 支纱细。

（2）股数　有两根或两根以上的单纱捻成线，有几根单纱就称之为几股。股数多的线径就粗。缝线的捻度，是表示纺纱成线在单位长度中，纤维捻成的回旋数。线的强度与捻度的关系很大，一般捻度大的线强度也大（在一定范围内），捻度小的线强度也小。对缝纫机，特别是旋转梭勾线的缝纫机来说，缝线的捻度，应当给予充分注意。捻度过大的缝线，在缝纫过程中，容易卷扣。卷扣通过夹线板时，使缝线张力增大容易断线，卷扣在机针线环上出现，使线环转向又容易出现跳针。捻度太小的缝线，在缝纫过程中比较容易产生"持线"的断线故障。

第三节　传统工艺的缝制方法

滚边、嵌条、镶边、荡条是服装的传统工艺，最常用于睡衣裤、旗袍、童装等服装。用料一般都是斜丝，以 45°角最佳。这种衣料的伸缩性最大，易于弯曲、扭转，滚制方便，效果好。取料的宽窄、长短均根据工艺需求而定。

一、滚边

滚边既是处理衣片边缘的一种方法，将毛边包光作为装饰的一种缝制工艺，也是一种装饰工艺。滚边工艺要求相对较高，是服装缝制工艺中难度较大的工艺技术之一。滚边是服装边沿处理最普通的装饰工艺方法之一，也称为滚条工艺。滚边古代称为"纯"。滚边不仅可以使衣服边沿光洁，增加实用功能，还可以利用各种不同颜色的面料起到装饰作用。滚边装饰工艺手法多运用在中国传统女装上，如旗袍、中式礼服等。目前在现代女装的应用中也越来越广泛。滚条的材料没有特定要求，既可用面料，也可用里料，还可用不同布料搭配，但以薄的绸缎为主，因为选用极富弹性而又柔软的绸缎面料，做出的滚条有立体感。

1. 滚边工艺的种类

（1）按滚边的外观分　按外观可分为宽滚、细滚和细线滚 3 种常见类型。宽滚指滚条宽度超过 0.3cm 以上的滚边外形。在服装应用上有 0.6cm 滚边，通常称为"二分滚"，有 0.9cm 的"三分滚"滚条，有 1.5cm 的"五分滚"滚条，还有 3cm 的"一寸滚"滚条等。从服装造型上来看宽滚与镶嵌条类似，但从工艺操作上来说是完全不一样的，宽滚更具有装饰性和实用性。但宽滚不能应用于弧度较大的边沿。细滚的滚条宽度一般为 0.3cm，是应用最为广泛的一种滚边方法，其装饰手法更具有大众化。比细滚还细的称为细线滚，其细的程度好比一根线的细度，故称为"细线滚"。细线滚的滚条宽度一般小于 0.2cm，是 20 世纪 30 年代比较流行的一种滚边方式，常用于传统旗袍装饰。细线滚做工精细，外观效果雅致。

（2）从滚边的布条数量上分　从滚边的布条数量上可以分为单滚和多滚两种类型。单滚指采用一根布条滚边，颜色单一。多滚指用两条或两条以上的布条滚边，色彩丰富，层次复杂，效果更突出。

2. 滚边的裁剪工艺

（1）滚边布的裁剪工艺　衣服的边沿通常不是由直线组成，如果采用直条布来滚边，达不到工艺制作效果，甚至无法成形。因此，滚边布条必须用45°的斜丝来制作，这样布条伸缩性大，易于扭转、弯曲，在工艺制作中也更流畅、方便，效果也好，如图2-78所示。

（2）滚边布宽度的裁剪参数　在裁剪滚边布条时，确定其准确的宽度也是非常重要的，估计不足会造成与实际滚边外形不符。因此，在确定滚边宽度时要考虑缝份、面料的厚度、烫伸份这3个参数，通常滚边布宽度＝滚边实际宽度＋缝份＋面料厚度＋折进里侧宽度＋里侧缝份＋烫伸份。

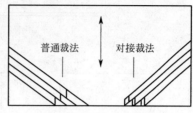

图2-78　滚边布的裁法

（3）滚边布的拼接工艺　由于受门幅或面料宽度的影响，滚边布有时需要拼接，在拼接过程中要注意拼接工艺的正确性。首先在裁剪时要将布条两头裁成直纱平行的方向，其次在拼接中将两根斜丝绺滚边布条正面相对拼接，如图2-79所示。

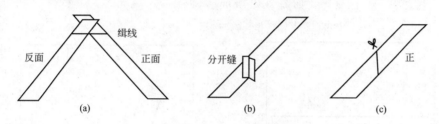

图2-79　滚边布的拼接工艺

3. 滚边的缝制工艺

① 单层缝制单面滚光。指滚边正面滚光而反面不滚光，一般应用在有里子的服装上较多，其中一面里侧滚边布可以用里子盖住。此外，没有里子的衣边滚边，里侧滚边布可用码边机或手工固定，如图2-80所示。

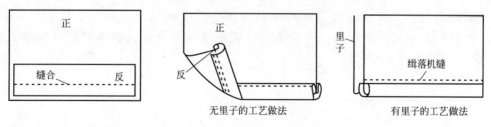

图2-80　单层制作单面滚光

② 单层缝制双面滚光。单层缝制双面滚光的工艺一般有三种：一是滚边反面采用撬缝；二是滚边正面压0.1cm明线，同时压住反面滚边；三是滚边正面用漏落缝，压住反面滚边，如图2-81所示。

4. 双层滚边制作工艺

（1）双层缝制单面滚光　双层缝制单面滚光，又称"内滚条"。就是滚条其中一面不露滚边，滚边条可在正面，也可隐藏在里面。适合于用较薄面料滚制，应用在夏装中较多，如

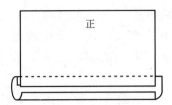

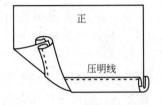
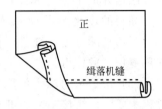

图 2-81　单层制作双面滚光

连衣裙、女衬衫领子与袖笼等，如图 2-82 所示。

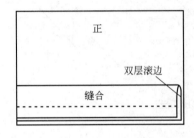
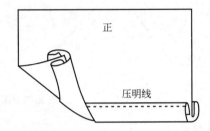

图 2-82　双层缝制单面滚光

（2）双层缝制双面滚光　双层缝制双面滚光又简称为"外滚条"，可采用双层折叠滚边布的制作方法。在操作形式上有两种：一种是滚边反面用撬缝固定；另一种是滚边正面压 0.1cm 明线固定反面滚边。滚边工艺形式多样，方法很多。但最重要的是制作完成后的滚边都要符合滚边工艺的质量要求。滚条要均匀对称，宽窄一致，顺直、方正、圆顺，不起皱、不扭曲，外形美观，充分体现出滚边的精湛工艺与美化衣服的整体效果，如图 2-83 所示。

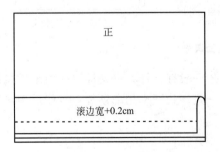
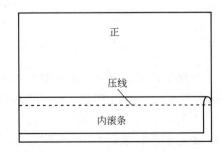

图 2-83　双层缝制双面滚光示意

5.滚边工艺在服装设计中的应用

在现代中式服装设计中，滚边设计的类型较多，有单滚边、双滚边，甚至还有三滚边等。滚边也可以采用与镶边相结合的设计方法。例如，滚边与宽镶边结合制作，更加突出服装鲜明强烈的视觉效果。在现代成衣设计中，滚边的数量大多数以单条滚边为主，材质上经常使用与服装面料有对比的材质。例如，粗布服装选用光泽材料滚边，有光泽的服装选用没有光泽的材料滚边。同时，滚边的宽窄与色彩应根据服装风格而定。滚边部位一般设计在领口、袖口、下摆、开衩、分割线等部位。通常采用滚边的服装不仅显得精致时尚、线条流畅，而且也提升了服装的档次与品位，起到画龙点睛的效果。

二、嵌条

嵌条是指在部件的边缘或拼接缝的中间嵌上一道带状的嵌条布。嵌条布宜选择条绒面料或条、格面料与单色衣料搭配，嵌条布颜色最好与衣料颜色形成对比或深浅不同，可使装饰效果更醒目。如果追求含蓄、典雅的装饰风格，也可以选择本料布或同种色、同类色的面料。成品嵌条宽度一般为0.4cm左右。嵌条布宜用正斜纱面料裁制。嵌条宽度应保持一致，缉明线时线迹要美观。嵌条的缝制方法如下。

（1）明缝式　将嵌条夹在两层衣片之间，缉缝一道明线。为了使嵌条缝成后凸起、有立体感，可以在嵌条中间加入一根细绳，但需要有专用的嵌条压脚才能缝制。嵌条压脚有两种：一种是压脚底部还有槽；另一种是半边式压脚。缝纫方法和普通不夹细绳的嵌条相同，如图2-84所示。

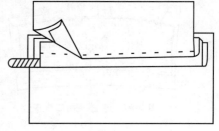

图2-84　嵌条工艺明缝式

（2）暗缝式　将两层裁片正面相对，使嵌条夹在中间，缝合一道线，翻转过来熨平，注意不要熨烫嵌条折印处，如图2-85所示。

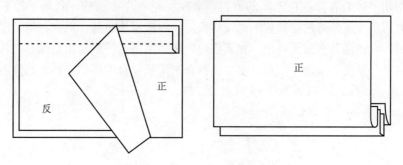

图2-85　嵌条工艺暗缝式

三、镶边

镶边是指用一种颜色或质地不同的面料，镶缝在衣片的边缘，此工艺常应用于女装或童装，如在领口、门襟止口、袖口、领外口等部位镶边，可使服装变得高雅、别致。镶边的宽度可根据款式的部位而确定，一般以不超过7cm为宜。镶边的缝制方法有明缝镶、暗缝镶和包缝镶等多种方式。常以暗缝镶为主。

（1）暗缝镶袖口工艺

① 处理角端。斜纱里子绸与袖片正面相对，在缝份之内缝合、翻转熨平即可。目的是

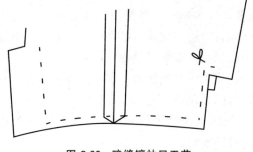

图 2-86 暗缝镶袖口工艺

使角端牢固，如图 2-86 所示。

② 将镶边布、袖口的净印相互对准而拼缝，分烫缝份即可。缉线两端回针一道，如图 2-87 所示。

③ 为了使袖口挺括，覆一层斜纱布衬，如图 2-88 所示。

（2）明缝镶 明缝镶也称明镶，方法很简单。将镶边料边缘扣净，放在裁片上缉明线即可。

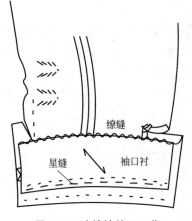

图 2-87 暗缝镶袖口工艺

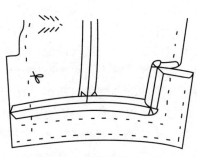

图 2-88 暗缝镶袖口工艺

四、荡条

荡条是指用一种与衣片颜色不同的面料，缝贴在距衣片边缘的不远处，即不紧靠衣片止口，所以称为荡条。荡条可根据部位不同，而采用斜纱或直纱布料。例如，斜裙底摆以上的荡条应采用斜料，可使荡条平服无链形。如果是短距离的荡条，一般采用直纱料。常用的形式有暗荡条、明荡条，单荡、双荡、三荡。也有将荡条与滚条配合使用的。荡条的缝制方法如下。

① 暗荡式。暗荡式缝制如图 2-89 所示。

② 明荡式。明荡式缝制如图 2-90 所示。

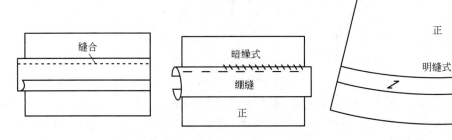

图 2-89 暗荡式缝制   图 2-90 明荡式缝制

制作要求为荡条工整，不许毛漏；明荡式缉线为窄止口明线、宽 0.1cm，线迹应保持美观，荡条宽窄一致。暗荡式一侧用暗缲针针法缝制，使外表看不到线迹。

第三章 服装部件缝制工艺

第一节 口袋缝制工艺

服装口袋也称为衣袋。服装口袋的造型设计千变万化，而且不断发展。各具形态的口袋造型不仅装饰了服装款式，增添了服饰的美感，同时也提高了服装的实用性，便于携带物品。口袋的位置应在穿着者手容易触及的地方，可以在衣服的任何位置。服装口袋造型无论怎样变化，按其工艺分为三类：贴袋、插袋、挖袋。

一、贴袋工艺

贴袋是将口袋布按设计意图扣烫成型后，再直接贴合于服装裁片上的袋形，是在衣片、裤片或裙片贴缝上一块袋布而成。它的式样变化很多，按几何形状分类：有方角袋、圆角袋、钝角袋及仿生物、仿动物的异形袋。按结构、材料、工艺分类：分无袋盖与有袋盖、无夹里与有夹里、机缝与手缝。按成品造型分类：分平贴与吊贴，吊贴又分为平吊贴与立吊贴。平贴是贴袋与衣身在同一平面上。平吊贴是在不插手时、不装物件时呈现出平面状态；反之，贴袋被悬吊而呈现着立体状态；立吊贴，通常总是呈现着立体状态，故又有立体袋之称，如类似风琴形状的称为风琴贴袋。不同贴袋款式如图3-1所示。

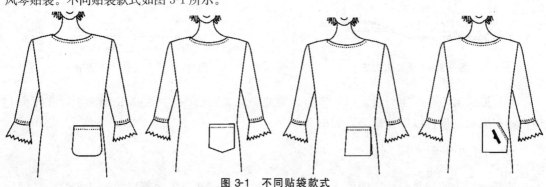

图 3-1 不同贴袋款式

贴袋的缝制工艺较为简单，但工艺质量要求还是应严格遵守。造型与规格要符合净样板，袋形、袋位准确一致，均衡或对称，无双虚边，方角要正，圆角圆顺。要求缉明线要整齐、牢固，线与止口之间平行分布，针迹均匀，线迹圆顺或直顺。袋盖缝制工艺如下。

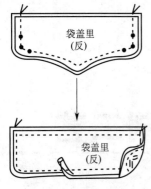

图 3-2　勾缝袋盖工艺

　　袋盖意思是指固定在袋口上部的防脱露部件。依据其外形有方角、尖角、圆角之分。通常的袋盖是由袋盖面与袋盖里两层组成，均选择横纱面料，袋盖里选择缩过水的里子绸或者涤纶绸都可以。

　　袋盖里在裁剪时应按净样板加放松量 0.5cm，袋盖面比袋盖里四周要多加放松量 0.2～0.3cm 吐止口量，按照面料的薄厚，灵活运用。

　　（1）勾缝袋盖　将袋盖里置于袋盖面之上比好，使二者正面相对，由右侧沿净印开始勾缝。勾缝时需使两层毛边对齐，缉线要顺直。勾缝袋盖工艺如图 3-2 所示。

　　（2）扣烫袋盖　先剪窄缝份，然后将缝份折转在袋面面上扣烫，圆角处要求扣烫圆顺。为了避免缝份重叠，可以剪几个小三角口，扣烫尖角或方角时，应使两侧缝份相叠。扣烫袋盖工艺如图 3-3 所示。

　　（3）翻烫袋盖、压缉明线　袋盖翻向正面，熨烫平服，使面止口吐出 0.1cm，看袋盖正面压缉 0.4cm 明线。翻烫袋盖、压缉明线如图 3-4 所示。

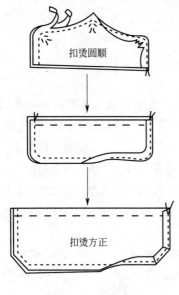

图 3-3　扣烫袋盖工艺

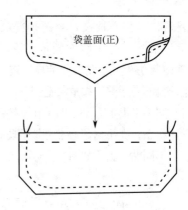

图 3-4　翻烫袋盖、压缉明线

　　（4）形成窝势　固定袋盖上口，缉缝时需使袋盖面稍松些，将袋盖正面向上放在馒头上垫上烫布熨烫定型，以保持窝势，如图 3-5 所示。

二、插袋工艺

　　插袋分为边插袋和斜插袋两类。利用服装裁片的结构缝或者分割缝留出的袋口，装缝袋布而形成的口袋。位于前后衣片、前后裤片、前后裙片之间的口袋一般称为边插袋，处在侧缝上，衣片不需要剪开，里面内衬两层袋布缝制而成。另一种是在前衣片上以斜形或弧形剪开，内衬两层袋布缝制，被称之为斜插袋。

插袋工艺要求袋口缝迹齐而不豁开，袋口挺括、牢固。为此，袋口需熨帖直纱黏合衬牵条，以增加拉力；袋口封结应牢固而美观，以适应反复多次插手功能的需要。

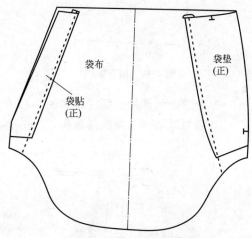

图 3-5 形成窝势工艺

1. 两片袋布的斜插袋

两片袋布的斜插袋，造型简洁，易做、实用，最适合于女裤、女裙、童装。两片袋布的斜插袋属于简单工艺，由一片直纱圆角袋布、一片直纱本料垫袋组成内层袋布；一片外层袋布是由直纱本料和一条黏合衬直纱牵条组成，如图 3-6 所示。

2. 具体工艺流程与缝制要领

（1）缉袋口贴边、袋垫，如图 3-7 所示。

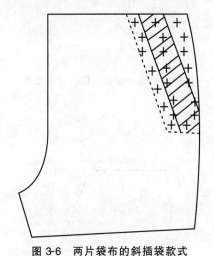

图 3-6 两片袋布的斜插袋款式

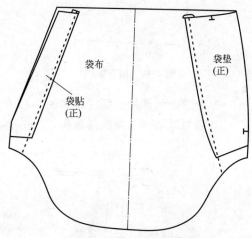

图 3-7 缉袋口贴边及袋垫

（2）装内袋布，如图 3-8 所示。

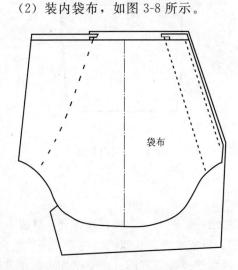

图 3-8 装内袋布

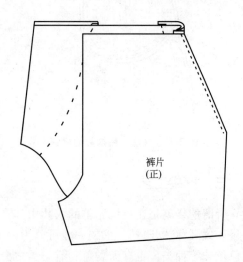

图 3-9 缉袋口明线

（3）缉袋口明线，翻烫袋布，使面止口外吐 0.2cm，缉明线 0.5cm 宽，如图 3-9 所示。

（4）缝合袋布，按成品净印和内袋布位置比齐外袋布，绷缝固定，再缉明线，如图3-10 所示。

（5）绷缝袋布上口、圈缉袋布两道线，如图 3-11 所示。

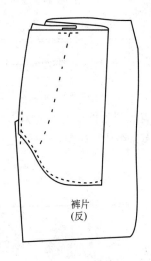

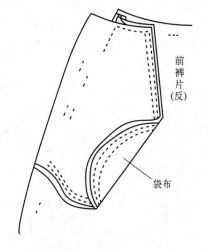

图 3-10　缝合袋布

图 3-11　绷缝袋布上口、圈缉袋布

（6）合前、后裤片的侧缝，如图 3-12 所示。

（7）袋口封结，分烫侧缝缝份，如图 3-13 所示。

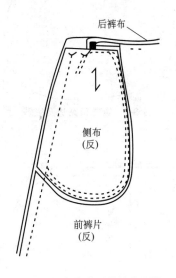

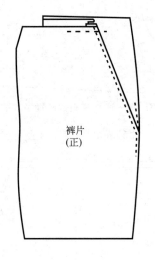

图 3-12　合前、后裤片的侧缝

图 3-13　袋口封结

三、挖袋工艺

所谓挖袋就是在一块完整的衣片中，在袋口部位用挖缝的方法，将衣片剪开，缝成一只衣袋，故又称"开袋"。挖袋一般可分为一字形挖袋、单嵌线挖袋、双嵌线挖袋、平口挖袋、花色挖袋等种类。也有无袋盖和有袋盖之分，嵌线的宽度也各有不同。由于挖袋需要在表片上剪开袋口，因此工艺要求较高。特别是袋口两端开袋时要剪成三角，其深浅要恰到好处，这是需要经过多次实践才能达到的。挖袋款式如图 3-14 所示。

1. 一字形挖袋

这是挖袋中较简单的一种，外形简洁明快，可以作为西服、夹克等服装的腰节以下之口袋，也可以作为裤后袋。可以有横、直、斜等不同方向的袋位及宽窄不同等变化。大都用在薄质衣料的服装上。袋布可用本色衣料，嵌条、垫袋与袋布整片相连；也可用白漂布制作袋布，嵌条和垫袋用本色衣料。下面介绍前一种挖袋的制作方法。该袋布有里、外两层，里层袋布的宽度应比袋口宽 2cm，长度为袋高再加 3cm。外层袋布应比里层袋布四周各放 0.7cm 作为做缝。一字形挖袋款式如图 3-15 所示。具体的挖袋缝纫步骤如下。

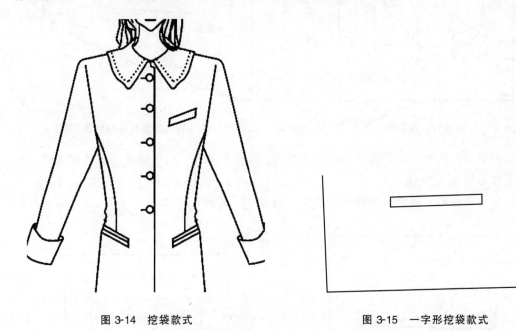

图 3-14 挖袋款式　　　　　　　　　　　图 3-15 一字形挖袋款式

（1）工艺准备　一片直纱本料嵌条布，一片黏合衬袋口牵条，一片横纱本料垫袋及两片配合口袋斜度的直纱袋布。挖袋工艺如图 3-16 所示。

名称	数量1片	名称	数量1片
嵌条衬	←	垫袋	1
名称	数量1片	名称	数量2片
嵌条布	←	袋布	1

图 3-16 挖袋工艺

（2）粘袋布　用薄浆糊将袋布粘在衣片反面袋位处，如图 3-17 所示。

（3）缉嵌条布与垫袋　缉袋口线里层袋布与前衣片正面相叠加，袋布放准后缉线做缝，两端的宽度应相等，如图 3-18 所示。

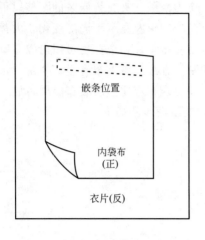

图 3-17　粘袋布

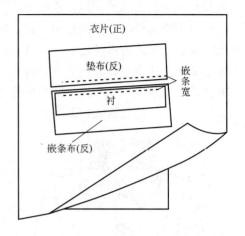

图 3-18　缉嵌条布与垫袋

（4）剪袋口　将衣片和袋布的袋口部位剪开，袋角要剪足，但不能剪断或剪过缝线，不可出现毛茬，如图 3-19 所示。

（5）三角布固定　将袋口两端的三角贴在袋布上，如图 3-20 所示。

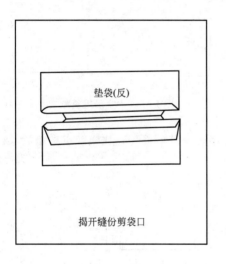

图 3-19　剪袋口

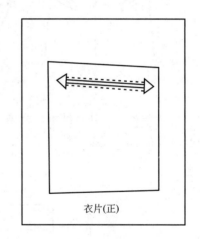

图 3-20　三角布固定

（6）整理嵌条　袋布朝衣片反面方向翻转，四角要拉平。将袋下口缝头分开，接袋口宽度折转嵌条，两端的宽度要相等一致。用熨斗整齐地分烫嵌条布和垫袋的缝份，按缉线宽度整理嵌条宽度，并在嵌条旁边用斜针脚绷缝固定。在嵌条的缝内缉漏落针，将嵌条与内袋布固定，如图 3-21 所示。

（7）缉嵌条布下端　将嵌条布下端扣净或锁边，缉缝在内袋布上或沿袋下口缉明线，也可将衣片掀起，在袋下口沿缝头缉线，做暗缝，如图 3-22 所示。

（8）缝合外层袋布　分烫垫袋缝份，下端毛边扣净或锁边，将外袋布粘贴并缉缝在外袋布上。边缘对齐，掀开衣片，两端用暗针封口，嵌条稍微拉紧，如图 3-23 所示。

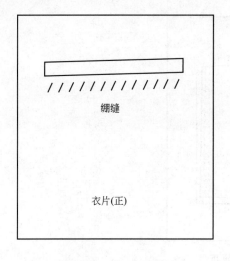

图 3-21　整理嵌条

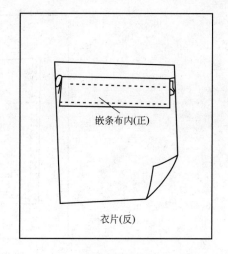

图 3-22　缉嵌条布

（9）暗封袋布　揭开衣片进一步整理嵌条，向两端略拉伸，然后在三角布上缉三道线固定，如图 3-24 所示。

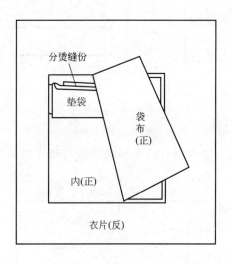

图 3-23　缝合外层袋布

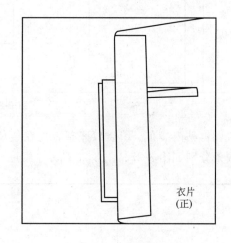

图 3-24　暗封袋布

（10）圈缉袋布　缉缝袋布时，外层袋布向下略拉紧，然后同内袋布一起圈缉两道线，可避免袋口嵌条还口。最后在袋口两端锁封结针或机缝袋口结。用外层袋布包光里层袋布。如果袋布四周已经拷光，只要缝一道平缝即可，如图 3-25 所示。

2. 单嵌线挖袋

这种挖袋一般均附有袋盖，挖袋的上口是袋盖，掀开袋盖可以看到单嵌条袋口。在缝制前应先配好袋布和做好袋盖，袋布分里袋布和外袋布两片。该款挖袋适用于各种外衣的外袋或里袋，具体挖袋缝制步骤如下。

（1）袋盖的缝制工艺见袋盖工艺。

（2）工艺准备　袋布、垫袋、嵌条布，如图 3-26 所示。

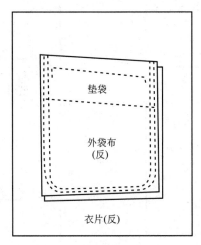

图 3-25　圈缉袋布

名称\数量	2 片	1 片	1 片
袋布			
嵌条布			
垫布			

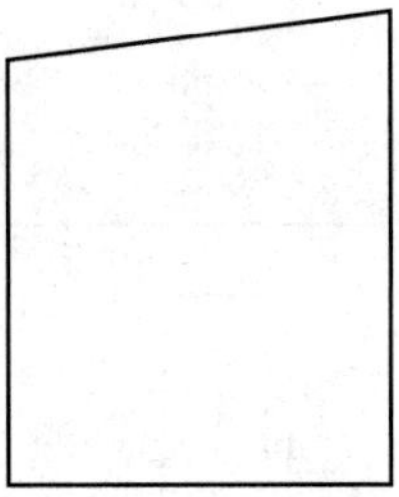

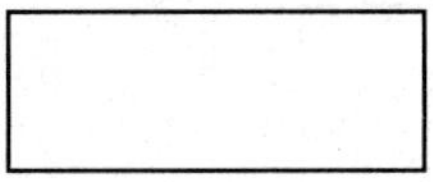

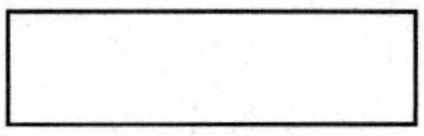

图 3-26　工艺准备

（3）粘内袋布　缉袋口嵌条，先在袋位反面粘一片内袋布，手针绷缝也可以。缉袋口、缉嵌条分别如图 3-27、图 3-28 所示。

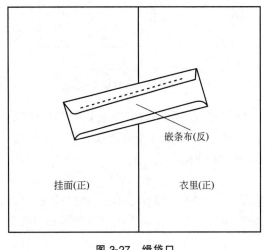

图 3-27　缉袋口

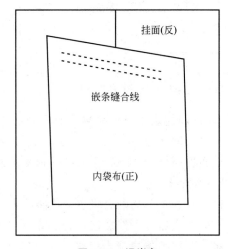

图 3-28　缉嵌条

（4）缝袋盖和嵌线　将袋盖上的粉线与衣片上的袋口标记对准，缝合袋盖和嵌线时，稍拉衣片，嵌线的缝线应与袋盖的两端对齐，如图 3-29 所示。

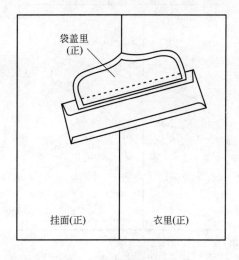

图 3-29　缝袋盖和嵌线

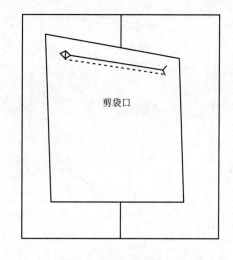

图 3-30　剪袋口

（5）剪袋口　由中间向两端剪开（不能剪到袋盖上口），距袋口两端剪成三角，不能剪断缝线，然后将三角折转烫实，如图 3-30 所示。

（6）袋盖与嵌条缝制　按照成品形状整理好袋盖，将缝份折向上侧而熨烫平服，紧靠嵌条缉窄明线，如图 3-31 所示。

（7）缉嵌条布下侧止口窄明线如图 3-32 所示。

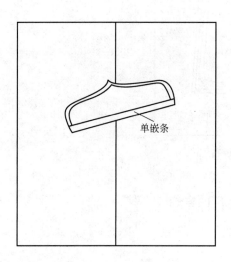

图 3-31　袋盖与嵌条缝制

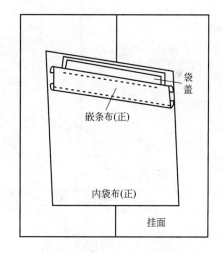

图 3-32　缉嵌条布下侧止口窄明线

（8）缉外袋布的垫袋如图 3-33 所示。

（9）缉袋盖上侧窄明线　将外层袋布包住袋盖上口的缝头，沿边缘做缉缝一道封袋口结，如图 3-34 所示。

（10）圈缉袋布　做单衣挖袋，必须将袋布锁边或扣净毛边而缉缝，如图 3-35 所示。

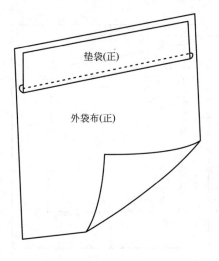

图 3-33　缉外袋布的垫袋

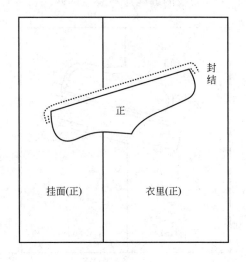

图 3-34　缉明线及封袋口结

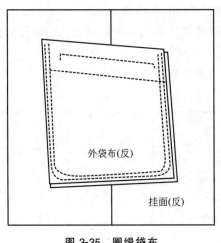

图 3-35　圈缉袋布

第二节　领子与领口缝制工艺

一、衣领与人体颈部的关系

　　衣领是服装的重要部件之一，在服装中处于引人注目的部位，对服装的款式造型与装饰效果起着决定作用。为了更好地缝制衣领，必须要先了解人体颈部的结构。

　　人体颈部结构呈现上细下粗的圆台状，从侧面看略向前倾，上端和头骨下端截面近似桃形，所以这就导致前领深通常大于后领深，人体颈柱有 7 节。颈后第七颈椎点在低头时明显突出，这个部位称为后颈点 BNP；颈前锁骨中央凹陷的部位称为前颈点 FNP；颈根部前后颈宽度中央偏后的部位称为侧颈点 SNP。颈根部还有一个重要的部位，即肩端点 SP（位于侧面肩段的中部），是肩和臂的转折点，这几个部位是领围线与领面造型设计的依据，千变万化的领型设计都是以这些关键点为基础。

衣领作为服装整体造型的一部分，在其结构设计中一方面需要考虑领口弧线要与人体脖颈根部形态基本吻合，另一方面还需要考虑人们在穿脱衣服时头部是否能够顺畅通过。因此，在领围的尺寸确定上要注意以下两个方面。

（1）领围的尺寸要符合颈部的长度、粗细的大小　领围尺寸的确定如图 3-36 所示。

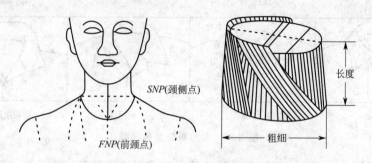

图 3-36　领围尺寸的确定

（2）领围尺寸要与颈部的倾斜度和肩斜度保持相对协调的关系，避免着装者因颈部的运动而产生不适的感觉。

衣领基本结构的依据是人的脖颈生理结构。脖颈从人体生理解剖角度来看，是一个不规则的上细下粗状的圆台体。颈根处的横截面类似于一个桃形。从侧面看，脖颈呈一定的前倾状态，它可分为上部、中部和根部 3 个部分，其中根部与中部与衣领的关系最为密切。衣领最原始的领口线，通常是连接颈根处后颈椎点至前颈中点的围圆线，由于人体结构的一致性，此线通常是一条相对稳定不变的圆弧线。上衣原型纸样的领口即是在它的基础上稍微开大而成的。紧贴人体表皮按原始领口线选取纸样，展平后即可得到一条呈上弯状的长条，这是最原始的贴体领片，稍加宽松量即成为原型领片，领片底线长度不变，弯度变化，领片上线长度可以变为 $D>C>B>A$。原型领片变化如图 3-37 所示。

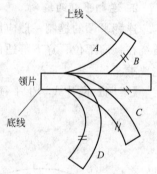

图 3-37　原型领片变化

在原型领片的基础上再进行演化，就形成贴体立领、竖直立领、喇叭立领、全坦翻领等一系列的衣领形式。各系列之间并不是孤立存在的，在设计中可以相互补充和转换。深刻理解衣领的演化规律，对衣领进行各种准确的裁剪和缝制颇有益处。常见服装各种领型如图 3-38 所示。

例如，平翻领是翻领之一，通常为从领口直接翻折，没有领座，但后面稍做出领座后能遮去装领线，外观显得非常美观。领前部可设计成各种形状。平翻领如图 3-39 所示。

二、衣领的缝制

衣领的缝制总体上要求领型应符合款式要求，穿着后服帖合体，有立体感，美观感。领下口和领圈的尺寸、形态要有严格的连接一致性。左右领角、领型对称，平服不反翘。领面

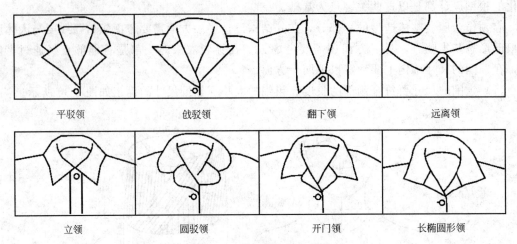

| 平驳领 | 戗驳领 | 翻下领 | 远离领 |

| 立领 | 圆驳领 | 开门领 | 长椭圆形领 |

图 3-38　常见服装各种领型

松紧适宜，丝绺顺直，对称。后领有围脖状的自然窝服感。领面线迹顺直、平服，无跳线、断线等现象。

1. 连翻领的分类与缝制

顾名思义，连翻领就是立领与翻领连在一起，具有两者的共同特性。如按照结构方式分类，可分为连翻立领和连翻平领；按连接方式又可分为分离式连翻立领和非分离式连翻立领。

2. 连翻平领的缝制

连翻平领的缝制一般应用于衬衫领、连衫裙或学生服等服装上。连翻平领具有很服帖地覆绕在颈肩部位、穿着舒适的特点。缝制上要求其满足平服、止口不外露、领角不反翘等工艺要求。

【案例】两片式学生平领的缝制，如图 3-40 所示。

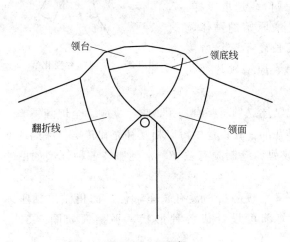

图 3-39　平翻领

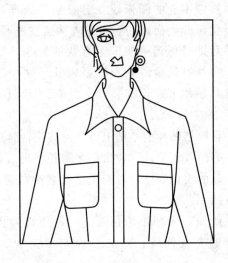

图 3-40　两片式学生平领的缝制

（1）粘接领衬　缝合底面领，修剪子口为约 0.6cm，反烫领子，缉领边线，如边线或 0.6cm 双线等缝份需要修剪至长为 0.4~0.5cm，使领翻转后达到平服的效果。连翻平领如图 3-41 所示。

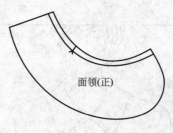
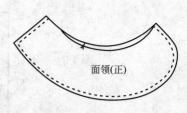

底领(正) 面领(正) 面领(正)

图 3-41　连翻平领

（2）翻领　保证翻出的领角要平整、圆顺、服帖，接着熨烫领面，保证面领比底领稍宽，止口不外露，面、底领平服，如图 3-42 所示。

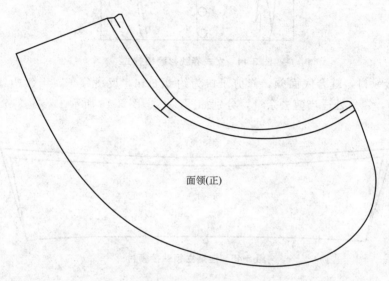

面领(正)

图 3-42　翻领、熨烫领

（3）缉领边线　缉领边线注意线迹圆顺，宽窄一致，如图 3-43 所示。

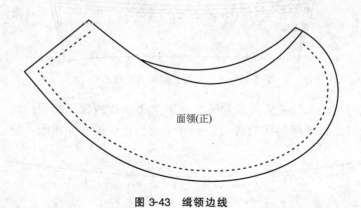

面领(正)

图 3-43　缉领边线

3. 连翻立领的缝制

连翻立领主要应用于女式衬衫和春秋衫，其显著特点为造型变化较大，但缝制方法大同小异。衬衫翻领的缝制可参考平领的缝制方法。

【案例】 女式春秋衫翻领款式如图 3-44 所示。

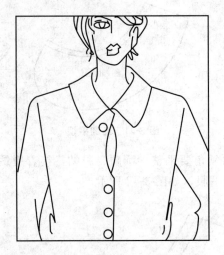

图 3-44 女式春秋衫翻领款式

（1）粘接领衬，缝合底面领，修剪子口为约 0.6cm，反烫领子，缉领边线，缉面领脚线，修剪缝份，领角处适当剪去余量，分别如图 3-45、图 3-46 所示。

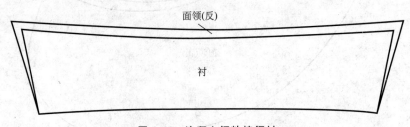

面领(反)

衬

图 3-45 连翻立领粘接领衬

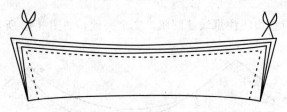

图 3-46 缝合领面、底领及修剪缝份

（2）翻领、缉明线 翻领要注意领尖要翻折平整，扣烫领面缉明边线，注意止口不外露，明线宽窄一致。在领脚缉线的两端各剪开 1cm，止口折入并缉线，分别如图 3-47、图

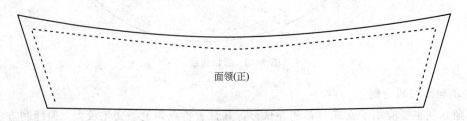

面领(正)

图 3-47 翻领、缉明线

3-48 所示。

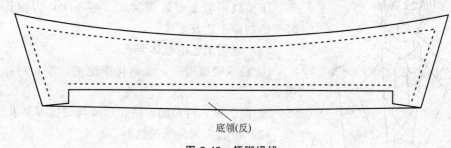

底领(反)

图 3-48 领脚缉线

4. 翻立领的缝制

翻立领主要应用于男式衬衫和中山装等服装上，翻领和底领是连在一起的，这就使成品的领子平服自然。缝制上要求既平挺又柔软并富有弹性，经穿着洗涤后具有不皱、不缩、不走样等缝制特点。通常情况下使用树脂衬和薄型机织黏合衬衬料。裁剪时翻领衬要"上净下毛"，底领衬用"上毛下净"的方法插片使用，使两领角挺括美观，柔中有刚。为了领子制成后两领角能够保持挺括，通常采用领角插片，或在领角部位粘上一块塑料薄膜，使领角充分达到挺括美观。

【案例】 男式衬衫领的缝制工艺上插片粘接上下级领衬，缉上级领修剪子口为约0.6cm，反烫领子缉领边线，0.6cm缉下级底领领脚，0.6cm合缝上下级领反烫底领并缉边线。翻立领的缝制如图 3-49 所示。

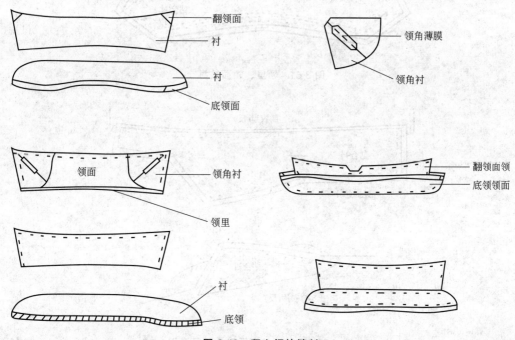

翻领面
衬
衬
底领面

领角薄膜
领角衬

领角衬
领面
领里

翻领面领
底领领面

衬
底领

图 3-49 翻立领的缝制

5. 驳领的分类与缝制

驳领顾名思义就是衣领和驳头连在一起。通常多运用于西装领，具体又可分为平驳领、戗驳领、蟹钳驳领等种类。连驳领是指领面与驳头的面料（挂面）连在一起没有串口线，有

图 3-50　平驳头西装领款式

瓜式、燕尾式等形式，多适用于男女衬衫、上衣、大衣等。下面以平驳头西装领款式（图3-50）为例具体了解驳领的制作工艺及要求。

（1）缝制工艺的总体要求如下。

① 必须领型端正，线条优美流畅，左右对称，平挺服帖。

② 面、里、衬布的丝缕、角度与归拔等要求严格。

（2）平驳头西装领的缝制

① 领里、领面粘衬。领里衬用一片斜纱或两片对称式斜纱都可以。领里粘完衬以后缉两道明线，拼缝、分烫领里中缝，如图3-51所示。

② 衣片、挂面烫黏合衬。衣片粘衬时应垫长布馒头，从翻折线向外沿箭头指向，边移动边粘合，如图3-52所示。

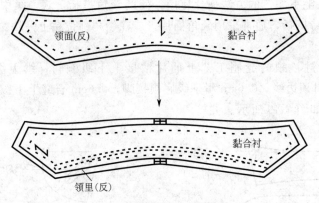

图 3-51　领里、领面粘衬

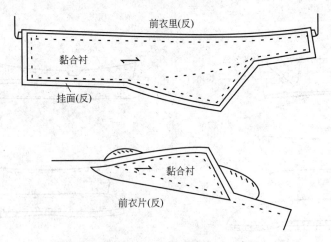

图 3-52　衣片、挂面烫黏合衬示意图

③ 缝合领面与挂面。按净印对准后缝合，两端打回针车缝一道，在装领点处缉线0.2cm打直形剪口，分烫领口缝份，打小三角口，如图3-53所示。

④ 缝合领里与前衣片，分烫缝份，如图3-54所示。

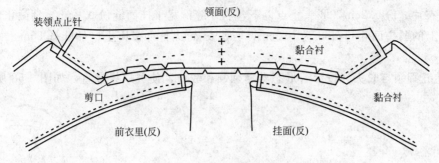

图 3-53　缝合领面与挂面

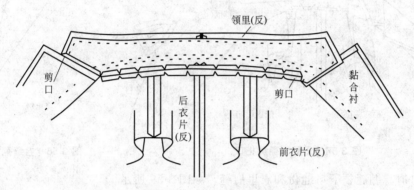

图 3-54　缝合领里与前衣片

⑤ 固定前装领点。自领里缝合止点入针，以小针脚挑起挂面与领面的缝合止点位置，在缝合止点出线并拉紧，与入线相系结留线头约 1cm，如图 3-55 所示。

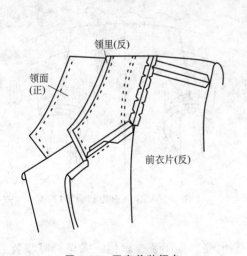

图 3-55　固定前装领点

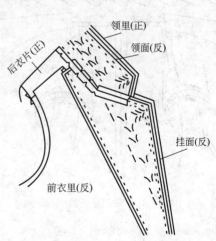

图 3-56　勾缝前止口及领外口

⑥ 勾缝前止口和领外口。以翻领折线为界，使翻领面宽出 0.5～0.8cm。以驳口线为界，使驳头面宽出 0.5～0.8cm。领面角、驳头面角的横向、纵向宽出约 0.6cm 为宜。同时在勾缝时，领子、驳头的面、里分别对齐对位记号，将裁边对齐绷缝或划粉印；最后按箭头指向勾缝领子和驳头、门襟止口等处，如图 3-56 所示。

⑦ 分烫、翻烫止口。修窄止口缝份并熨烫。以驳头止点为界限，驳头止点以上，挂面缝份宽于衣片缝份0.2cm，驳头止点以下，衣片缝份宽于挂面缝份0.2cm。翻烫止口，使驳头交点以上的驳头面止口外吐为0.2cm，驳头交点以下的衣片止口外吐0.2cm，如图3-57所示。

⑧ 卷缝翻领与驳头。按穿着形态卷缝翻领和驳口，使驳口线顺直，如图3-58所示。

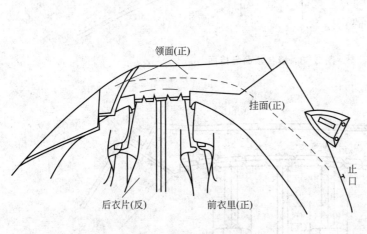

图 3-57 分烫、翻烫止口　　　　　　　　　　图 3-58 卷缝翻领与驳头

⑨ 装垫肩。绷缝领下口缝份和衣里肩缝，如图3-59所示。

⑩ 整烫领子部件。手工缲缝衣里和领下口（图3-60），止口处内部做星缝处理（图3-61）。

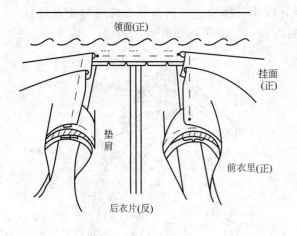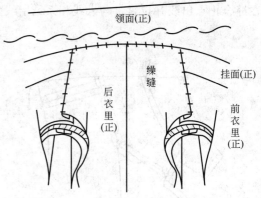

图 3-59 装垫肩　　　　　　　　　　　　　图 3-60 缲缝衣里和领下口

6. 立领、竖领的缝制

立领、竖领款式如图3-62所示，通常应用于学生装、青年装、旗袍、夹克衫等服装上。立领的缝制步骤如下。粘领衬—包领衬—缝合底面领—烫反领—缉领明边线，如图3-63所示。

7. 立领短披风缝制工艺

披风是指披用的外衣，又称"大氅"，无袖、披在肩上用以防风御寒。披风多为一片式结构，多为北方人和儿童在冬季穿用。后也泛指斗篷。随着流行趋势的发展，披风已经从实用服装配件逐步向服装装饰配件发展，越来越多呈现出美化的功能。

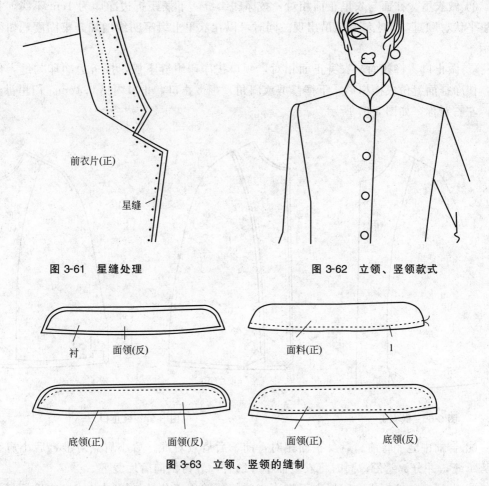

前衣片(正)

星缝

图 3-61　星缝处理

图 3-62　立领、竖领款式

衬　　　面领(反)

面料(正)　　　　1

底领(正)　　　　面领(反)

面领(正)　　　　底领(反)

图 3-63　立领、竖领的缝制

该款披风（图 3-64）为立领、斜裙式披风，有袖中缝、前门襟及三粒扣款式，适合于与各种服装搭配灵活使用。缝制要领如下。

① 打线钉。打线钉的部位有前后肩点、眼位、下摆折边，如图 3-65 所示。

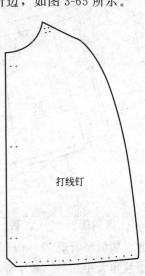

打线钉

图 3-64　立领短披风款式

图 3-65　打线钉

② 做衣里。挂面与衣里正面相对，按净印绱缝，下摆距折边净印为 1cm 不绱，挂面与衣里平伏、顺直，无吃势及起吊出现。同时可以在衣里上绱窄明线增加其牢固度，如图 3-66 所示。

③ 做止口。将挂面与衣身正面相对，领口按净印绱缝下摆，按折边净印勾缝，修剪缝份，使净挂面缝份成楼梯形，下摆修剪成斜角，翻烫止口，止口内错 0.1cm，门里襟止口等长，左右对称，如图 3-67 所示。

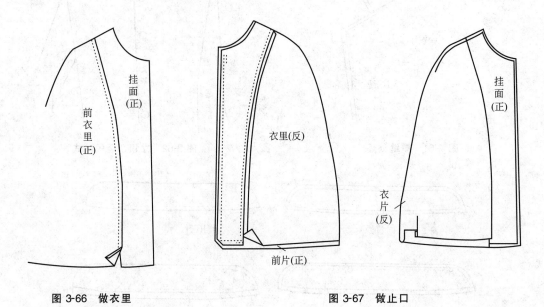

图 3-66　做衣里　　　　　　　　　　　　图 3-67　做止口

④ 合袖中缝　将前、后身正面相对，前、后肩点对准，后小肩点对准，后小肩线略有吃势绱缝，并分烫缝份；同时将衣里袖中缝缝合，缝份倒向后片烫平。

⑤ 做底摆　按折边净印将衣面折边扣烫好，并用三角针缲缝固定，将衣里折好，衣里与面固定，在后片中间留出约 20cm 不绷缝，作为翻绱领子的开口，如图 3-68 所示。

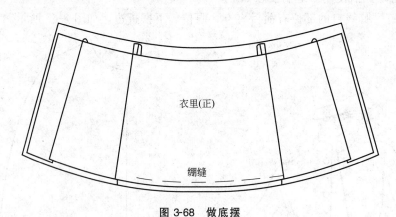

图 3-68　做底摆

⑥ 做领。将领面、里分别贴一层薄毛衬，从中间向两边熨烫，领里、面正面相对，按净领印绱缝，领面略有吃势，两端领下口，各留出一个缝份。修窄缝份呈阶梯状，翻烫领子，使两端领角大小相等。领子做好后，领子里边缘熨靠，不出虚边，领面止口吐出 0.1～0.15cm 为宜，并将领子下口缝份修剪成 0.8cm。如图 3-69 所示。

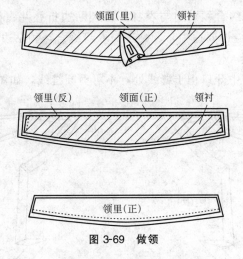

图 3-69　做领

⑦ 绱领。先将领口从下摆开口翻到反面，按三点对准，将领里、领面分别与衣里、衣面绷缝，检查领子是否左右对称，领里、面是否吻合、平伏。如有不当拆掉重绷，最后机缝领子下口分烫缝份，并将分烫后的领口衣面、里缝份用手针绷缝固定，再从下摆开口把衣领翻到正面烫平，如图 3-70 所示。

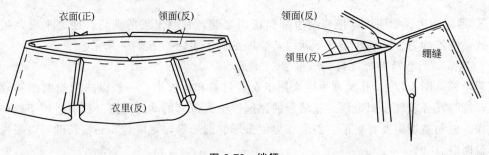

图 3-70　绱领

⑧ 锁、钉、缲。锁眼有两种方法。第一种是手锁，按纽扣直径的大小，在止口正面画好眼位，缉两道平行线，开剪、锁缝。第二种是机器锁眼。在止口反面画好眼位，直接用锁眼机锁眼就好了。

按扣位将扣钉上，钉时要留线脚，线脚的长短要根据面料的厚薄自行处理，将下摆里子用手针缭活底边的方法，把下摆缲缝固定，正反都不要露线迹。

⑨ 后整理。拆掉所有绷线、线头，除掉粉印，从里往外熨烫下摆、止口、领子，熨烫面时要盖上水布，防止出现极光，最后包装、存放好。

8. 挖领的缝制

挖领的特点就是衣身领圈上不装衣领，只缝贴边的领式，简洁而大方，适用于圆领、方领、V 形领、橄榄领等款式，在衬衫、裙衫、外衣等应用较多。具体缝制工艺具体有领口贴边和滚边包领口。下面以装饰贴挖领（图 3-71）的缝制为例介绍其缝制工艺流程。

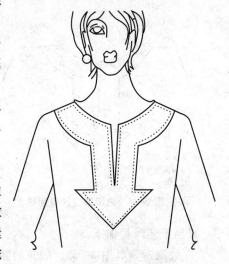

图 3-71　装饰贴挖领

① 折、烫领圈贴边及缝合领贴边与衣身。将领贴边折叠并熨烫向反面，尖角位置要打剪口。前后领贴边缝合，缝份要适中，领贴边与衣身缝合，领贴边位置居中，线迹要保持均匀，如图 3-72 所示。

② 剪前中开口。剪前中开口止于缝线处，不可剪断缝线，如图 3-73 所示。

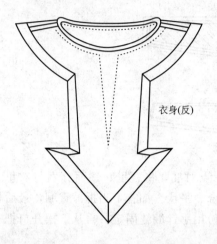

图 3-72　折、烫领圈贴边及缝合领贴边与衣身

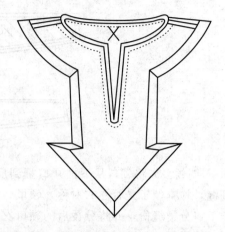

图 3-73　剪前中开口

③ 翻领贴边、缉明线。把领贴边翻向正面之前，领圈出需剪剪口，使之平服，领贴边缉明线，线迹均匀、圆顺，车缝不断线，装饰贴面平服，如图 3-74 所示。

9. 飘带领、扎结领的缝制

飘带领（图 3-75）、扎结领主要应用于女装衬衫和连衣裙，一般以选用丝绸面料效果为最佳，能够充分表现出飘带领、扎结领的飘逸性给人带来的动态美感。裁剪适用于斜料或横料制作。领角造型主要有平形、斜形、宝剑头形、圆形等，宽度约 5cm，长度可以根据个人的喜爱而定。

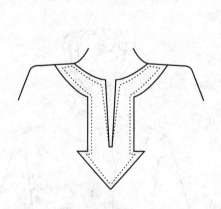

图 3-74　翻领贴边、缉明线

图 3-75　飘带领

缝制工艺流程如下。

① 做飘带领（图 3-76）。后领的装领点与衣片肩缝点对应，在反面粘无纺衬并打剪口。领两端的三周做宽 0.3cm 的三折缝，并绷缝后领缝份。

肩缝点

后领中

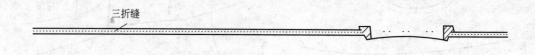

三折缝

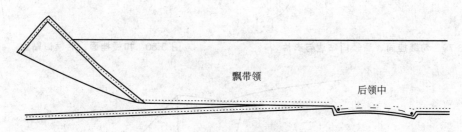

飘带领

后领中

图 3-76　做飘带领

② 处理衣片。合肩缝，前衣片的自带挂面粘衬、缲线固定。拼缝前挂面与后领口贴边。后领口贴边形状按后领口形状裁配，两端各短 0.2cm 为宜。合肩缝、黏合衬如图 3-77 所示。

③ 装领。绷缝后领下口缝份，扣烫挂面内侧缝份（图 3-78），勾缝挂面、后领口贴边与衣片（图 3-79），扣烫挂面与后领口贴边（图 3-80），使衣片止口外吐 0.1cm，缲窄明线，两端留 4cm 不缲。

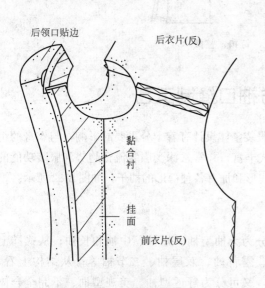

后领口贴边

后衣片(反)

黏合衬

挂面

前衣片(反)

图 3-77　合肩缝、黏合衬

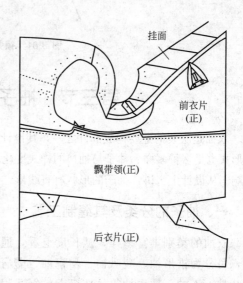

挂面

前衣片(正)

飘带领(正)

后衣片(正)

图 3-78　扣烫挂面内侧缝份

④ 锁扣眼、钉扣、整烫，如图 3-81 所示。

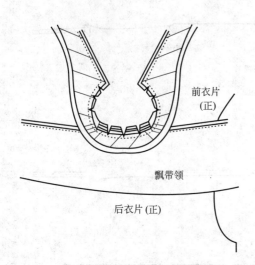

图 3-79　勾缝挂面、后领口贴边与衣片

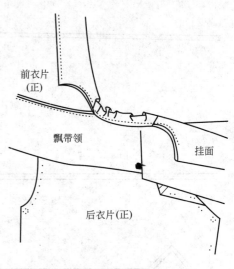

图 3-80　扣烫挂面、后领口贴边

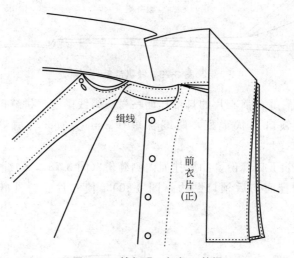

图 3-81　锁扣眼、钉扣、整烫

第三节　袖子与袖口缝制工艺

衣袖是服装的主要构成部件之一，其设计对服装整体设计有着十分重要的影响，与衣身的组合形式也是多种多样。袖子与袖口的样式变化款式丰富，并常常深受服装流行趋势和服装功能的影响。从设计上来讲，袖子的形状有直线形、曲线形和加有各种褶形的袖子，如图 3-82 所示。

一、袖子的分类及其缝制工艺

衣袖的类别丰富多样，从长度上看，通常分为无袖型袖、短袖、中袖和长袖；从式样上看，可分为锥形袖、喇叭袖、褶裥袖、露肩袖、露背袖、双层袖、二节袖等；从结构上看，有装袖、连袖、插肩袖等；按穿着的舒适程度，又可分为舒适型袖、美观型袖、不完全合体袖、合体袖和平衡合体袖等。只有对各类袖型及其特点有深入理解，才能根据功能和审美的实际要求，实施到位的设计理念。

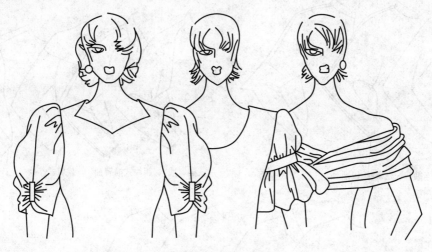

图 3-82　衣袖款式

袖子的分类大致有装袖、连袖、插肩袖之分，一般也将插肩袖归于连袖一类。

① 装袖是指由袖子与袖窿拼装而成的袖型。其中，袖窿有圆袖窿、尖袖窿和方袖窿；袖式有一片袖、两片袖、三片袖，肘省袖、袖口省袖、无省袖；大身肩式有宽肩、窄肩、落肩；拼装方式有平缝、包缝、圆缝等。以袖窿而言，圆袖窿适合于一切形式的装袖，尖袖窿适于落肩袖，方袖窿适合于时装袖。装袖款式如图 3-83 所示。

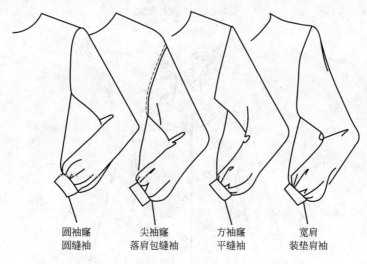

| 圆袖窿 | 尖袖窿 | 方袖窿 | 宽肩 |
| 圆缝袖 | 落肩包缝袖 | 平缝袖 | 装垫肩袖 |

图 3-83　装袖款式

② 连袖是指衣身和衣袖相连的袖型。连袖类款式如图 3-84 所示。

二、装袖的缝制

装袖是指袖子与衣身分别制作后，再将袖子绱于袖窿上，袖山与袖窿以封闭曲线而拼接并随款式而变化，其间存在着一定的装接差数或者为吃量。

1. 单做式平袖缝制

单做式平袖缝制的装袖款式如图 3-85 所示。

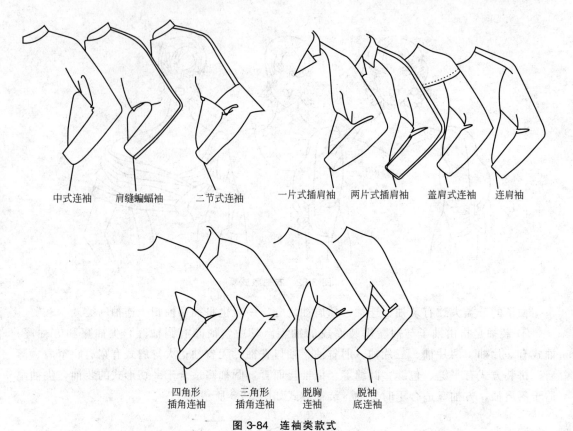

| 中式连袖 | 肩缝蝙蝠袖 | 二节式连袖 | 一片式插肩袖 | 两片式插肩袖 | 盖肩式连袖 | 连肩袖 |

| 四角形插角连袖 | 三角形插角连袖 | 脱胸连袖 | 脱袖底连袖 |

图 3-84　连袖类款式

图 3-85　装袖服装款式

2. 单做式平袖缝制具体工艺步骤

① 做袖。袖口粘衬，袖山抽袖包。缝合袖底缝，分烫袖底缝，扣烫袖口贴边，缲缝贴边，缝袖省和开衩，整烫袖子，使袖衩倒向后袖，钉装饰扣。做袖工艺流程如图 3-86 所示。

② 装袖。绷缝袖窿，衣身挂夹里，袖子不挂夹里。绷缝袖窿面、里两层，抽好袖包，采用两点对准法装袖。绷缝袖山与袖窿。保持袖山与袖窿平服，缝合线要圆顺，袖山丰满、自然。袖肘处应略前倾。装袖如图 3-87 所示。

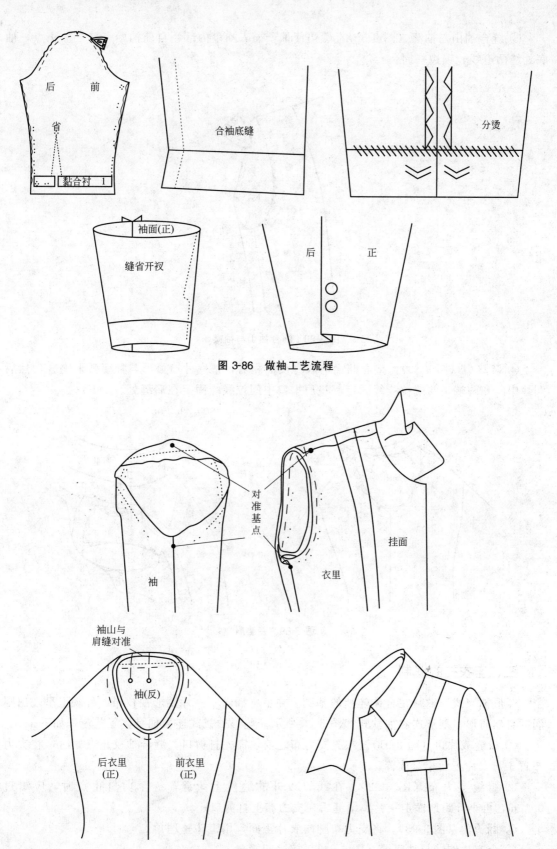

后　前

省

黏合衬　1

合袖底缝

分烫

袖面(正)

缝省开衩

后　　正

图 3-86　做袖工艺流程

对准基点

挂面

衣里

袖

袖山与
肩缝对准

袖(反)

后衣里
(正)

前衣里
(正)

图 3-87　装袖

③ 缝合袖山与袖窿（图 3-88）。锁边使袖子插入袖窿内部，自前袖始点缝至袖止点，袖底处缝两道线，锁边一周。

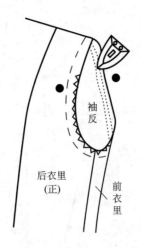

图 3-88　缝合袖山与袖窿

④ 装垫肩（图 3-89）。垫肩凸面与衣身反面相对，垫肩外口弧形与袖窿弧形吻合，然后绷缝中间和两端，两端拉线绊固定。垫肩里口中间拉线绊固定在肩缝处。

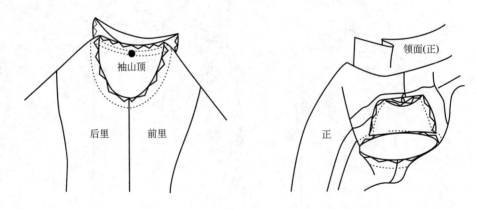

图 3-89　装垫肩

三、连衣袖的缝制

菱形袖衩式连袖是在合体连袖的基础上在腋下插入了一片菱形袖衩布，外观上呈现出圆润的自然肩形。菱形连衣袖款式如图 3-90 所示。菱形袖衩式连衣袖具体工艺流程如下。

① 缉缝裁片角（图 3-91）。在缝支力布之前，需先打剪口，缝合袖衩止点处时，将支力布置于与衣片正面相对放置。

② 缉缝支力布（图 3-92）。在线钉以外的缝份上缉缝，缝至剪口止点时，应缉过0.1cm，再小针距地横走一针。缉缝后在支力布上打剪口。

③ 翻烫角（图 3-93）。将支力布翻向衣片正面，用熨斗整理角。

④ 合衣片侧缝与袖底缝（图 3-94）。按净印缝合。

图 3-90　菱形连衣袖款式

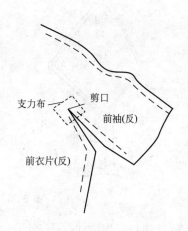

图 3-91　缉缝裁片角

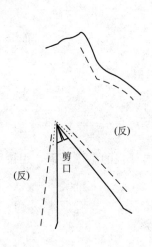

图 3-92　缉缝支力布

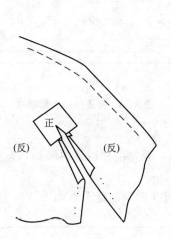

图 3-93　翻烫角

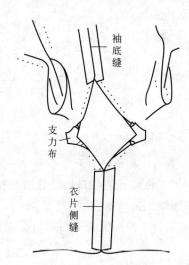

图 3-94　合衣片侧缝与袖底缝

⑤ 合袖衩、袖中缝及做袖口（图 3-95）。将袖布与衣片的净印相对而缝合。缝制时，必须揭开支力布，注意在止点处，别缝住支力布。

四、袖口缝制

根据服装用途和设计审美需求的不同，袖口有各种设计和制作方法。

1. 做袖口

袖口是由直纱本料的面、里两层及一层无纺黏合衬组成。

① 袖口面的反面熨净黏合衬。

② 勾缝袖口面、里。使"面"的三周缝份为 0.7cm，"里"的缝份为 0.5cm，沿着袖口面的衬边边缘勾缝两侧与下止口，两端打回针，勾缝时略微拉紧下层的袖口里两端圆角处。

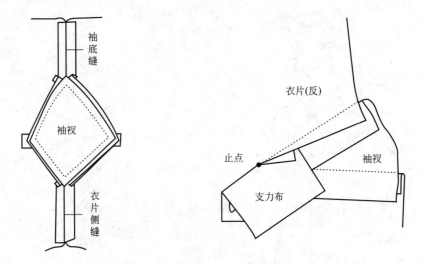

图 3-95　合袖衩、袖中缝及做袖口

③ 翻烫袖口、缉明线（图 3-96）。先修窄袖口缝份为 0.4cm，翻烫止口，使"面"止口外吐 0.1cm，压缉明线。

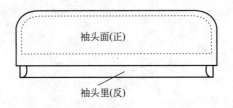

图 3-96　翻烫袖口、缉明线

2. 装袖口

将袖子的袖口处装好袖开衩，叠好活褶以后再装袖口。将袖口开衩的里襟展平，用镶里压面工艺装袖口。

① 袖头里正面与袖口反面对齐两端而缝合，如图 3-97 所示。

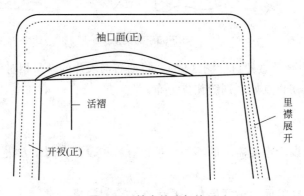

图 3-97　缝合袖头与袖口

② 将缝份倒向袖头内侧，将袖头面止口置于缝份之上，盖没第一道线，缉缝 0.1cm 窄明线。装袖缝合如图 3-98 所示。

3. 双层袖口制作工艺

（1）做袖口

① 袖口面的反面熨净黏合衬。

② 勾缝袖口面、里。使"面"的三周缝份为 0.7cm，"里"的缝份为 0.5cm，沿着袖口面的衬边边缘勾缝两侧与下止口，两端打回针，勾缝时略微拉紧下层的袖口里两端圆角处。

③ 翻烫袖口、缉明线。先修窄袖口缝份为 0.4cm，翻烫止口，使"面"止口外吐 0.1cm，压缉明线。做袖口如图 3-99 所示。

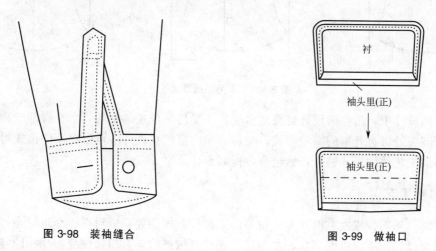

图 3-98　装袖缝合

图 3-99　做袖口

（2）装袖口

将袖子的袖口处装好袖开衩，叠好活褶以后再装袖口。将袖口开衩的里襟展平，用镶里压面工艺装袖口。

① 袖头里正面与袖口反面对齐两端而缝合。

② 将缝份倒向袖头内侧，将袖头面止口置于缝份之上，盖没第一道线，缉缝 0.1cm 窄明线。装袖口如图 3-100 所示。

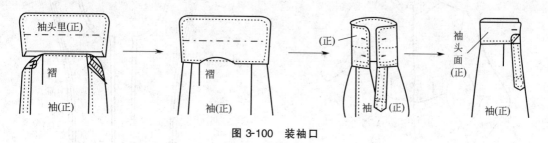

图 3-100　装袖口

第四节　门襟缝制工艺

门襟也称为叠门、搭门。门襟工艺是服装款式设计和功能设计中，一项重要的方法和技术。门襟在服装中可以置于前身或后背等部位，根据开口的大小或长短又可分为门襟和版门襟。所谓门襟就是开口从顶端到底部的全开口。如果开口没有达到底部就是半门襟。传统上门襟分为对门襟、明搭门襟、明搭半门襟、偏门襟、暗门襟等种类。不同门襟款式如图 3-101 所示。

图 3-101　不同门襟款式

　　在具体的设计中，门襟的设计要灵活多变，不受传统位置的制约，常在肩部、胸部、侧缝、后背上部等处留有开口的穿脱形式，被称为半门襟。在设计中可以在不同位置对门襟造型设计和不同工艺结构形式进行巧妙组合，提高设计水平。

一、对襟工艺

　　指上衣的前襟面分成左右两片并不重叠的无叠门款式，如拉链对襟、套纽对襟、盘花纽对襟、扣花对襟等。下面以圆领口，左里襟由衣片自带搭门，右门襟镶缝布环扣的挂夹里对襟为例进行说明，其款式如图 3-102 所示。具体对襟工艺流程如下。

　　① 合挂面与前衣里（图 3-103）。挂面熨衬与衣里相缝合，缝至肩缝净印止针。

图 3-102　对襟服装款式

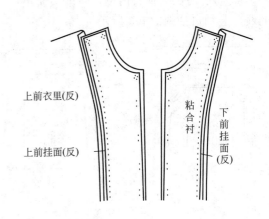

图 3-103　合挂面与前衣里

　　② 钉布环（图 3-104）。装做好的布环缉缝在前中线以外 0.2cm 处。

　　③ 勾缝挂面、后领口贴边与前、后衣片（图 3-105）。勾缝时要将上、下层肩缝对齐对准，注意缝份的分烫与倒烫处理方法、领角及门襟止口处的里外关系。

　　④ 翻烫挂面止口（图 3-106）。缉止口明线，钉扣，整理熨烫。

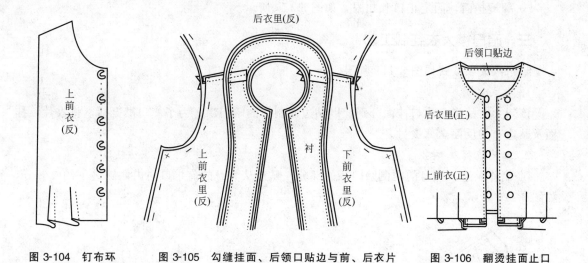

图 3-104　钉布环　　　　　图 3-105　勾缝挂面、后领口贴边与前、后衣片　　　　　图 3-106　翻烫挂面止口

二、暗门襟缝制工艺

暗门襟指衣面不露纽扣的门襟。"暗门"是指衣面不露纽扣的门襟，纽扣"躲"在门襟的夹层里，含而不露，带几分神秘感。这种门襟的服装，在一定程度上给人以整洁端庄的印象。近几年在服装的流行中有将暗门襟运用于比较活泼的款式倾向。暗门襟适用于男、女服装，连接方式有纽扣、拉链、四合扣、子母扣等形式。

1. 加挂面锁扣眼暗门襟

加挂面锁扣眼暗门襟的服装款式如图 3-107 所示。

2. 具体工艺流程及要求

① 挂面粘衬、锁扣眼（图 3-108）。

② 勾缝挂面与衣片，如图 3-109 所示。

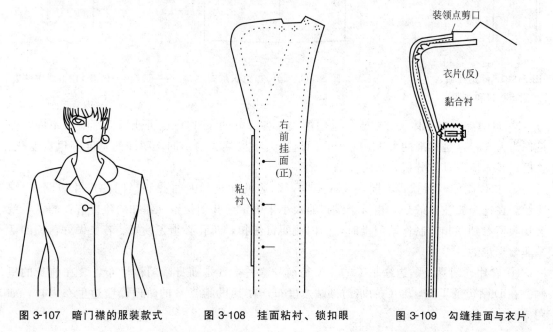

图 3-107　暗门襟的服装款式　　　　　图 3-108　挂面粘衬、锁扣眼　　　　　图 3-109　勾缝挂面与衣片

③ 翻烫挂面，固定止口和扣眼，如图 3-110 所示。

三、暗门襟大衣缝制工艺

暗门襟大衣款式如图 3-111 所示。

1. 款式说明

该款大衣是将衣片与挂面分别配以贴边而制作的暗门襟。为了使门襟挺括，将衣片、挂面及贴边布的反面全部烫衬。

2. 工艺流程及要求

① 制作贴边。大身的内侧暗门襟的部分，贴边从大身的前止口向内侧缩进了约 0.8cm，如图 3-112 所示。

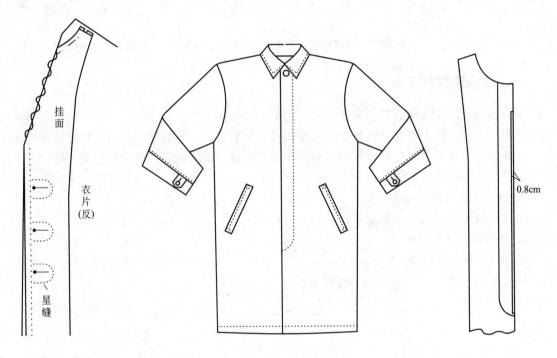

图 3-110　翻烫挂面、固定止口和扣眼

图 3-111　暗门襟大衣款式

图 3-112　制作贴边

② 暗门襟大衣具体尺寸要求。暗门襟大衣各部分的尺寸，也可能因大小有所不同，但是作为大衣，这是标准的大小。另外，因纽扣大小或款式的不同，明线的宽度等也有变化，要根据具体情况具体分析，如图 3-113 所示。

③ 扣位制作。因款式不同，尺寸不同，贴边的缩进量及纽孔和周围的尺寸如图 3-114 所示。在这里要注意的是，相对于纽扣的大小来确定纽孔的位置。纽扣的位置有误的话，就会从表面看到纽扣。制作暗门襟时，因内侧要钉纽扣，纽孔必须先锁好。若要做好再锁的话是非常困难的。

④ 衣片、门襟及贴边缝制工艺。A 是前身衣片，B 是前身暗门襟里布，装在前身的里侧。在 D 贴边的里侧，装 C 的暗门襟贴边里布，在其里侧装 E 的暗门襟贴边里布力衬，如图 3-115 所示。

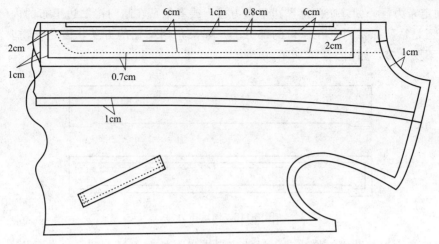

图 3-113 暗门襟大衣尺寸要求

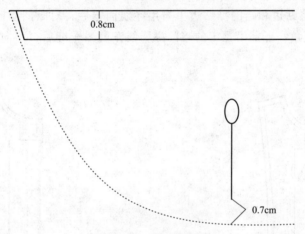

图 3-114 纽扣扣位

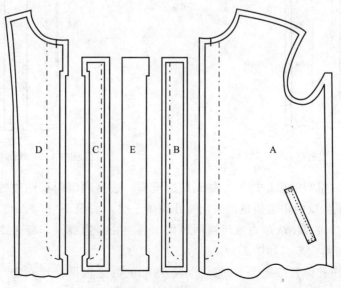

图 3-115 衣片、门襟及贴边缝制工艺

⑤ 固定布力衬。绷缝暗门襟贴边里布力衬，或者粘贴在暗门襟贴边里布的内侧。但是，不管绷缝还是粘贴都要固定在缝份的部分上。如果是用粘贴的方法，因黏合物要放在里布上，注意不要太多，如图3-116所示。

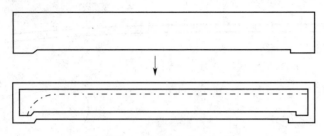

图 3-116　固定布力衬

⑥ 固定布力衬与贴边。将装布力衬的暗门襟里布的布力衬一侧，放在贴边的上面，进行绷缝。绷缝是为了在用缝纫机车缝时，不会错位，如图3-117所示。

⑦ 缉缝贴边。将贴边和暗门襟贴边里布用坯线固定后，对暗门襟贴边缩进的部分进行车缝。上部车缝成直角，下部沿预定的暗门襟明线车缝。车缝后，斜向打剪口，如图3-118所示。

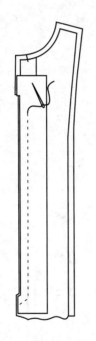

图 3-117　固定布力衬与贴边

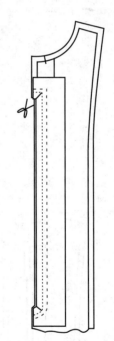

图 3-118　缉缝贴边

⑧ 熨烫贴边。将暗门襟贴边里布翻到贴边里侧，边整理暗门襟贴边的前止口，边用熨斗熨烫平整。打了剪口的角也要挑出来用熨斗熨烫平整，如图3-119所示。

⑨ 缉缝前止口边线。从贴边暗门襟的表侧车缝前止口边线。车缝边线时，要注意不要让暗门襟贴边里布露出来，如图3-120所示。

⑩ 锁扣眼。纽孔位置按照图3-121所示，纽扣的数量根据设计而定。纽孔表面要锁在贴边的表侧。

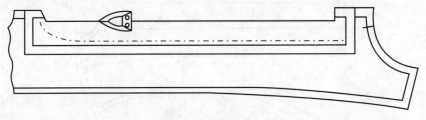

图 3-119　熨烫贴边

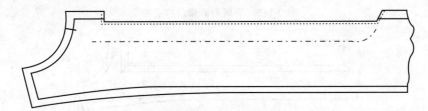

图 3-120　缉缝前止口边线

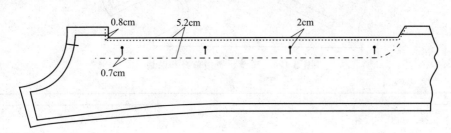

图 3-121　锁扣眼

⑪ 绷缝贴边。将贴边暗门襟的里侧朝上，放在前身的表侧（即表侧对表侧），然后用线进行绷缝固定，如图 3-122 所示。

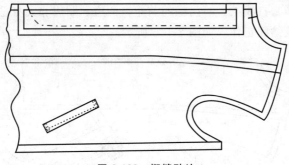

图 3-122　绷缝贴边

⑫ 绷缝前身暗门襟里布。先将贴边暗门襟放在前身上后，再将前身暗门襟里布放在上面，进行绷缝固定，如图 3-123 所示。

⑬ 车缝、熨烫前身和贴边。用缝纫机按通常的前身和贴边的缝制方法进行车缝；完成后，将贴边翻过来，用熨斗烫好，如图 3-124 所示。

⑭ 车缝暗门襟贴边里布和前身暗门襟里布。车缝到前止口处，前止口的缝份也要车缝，如图 3-125 所示。

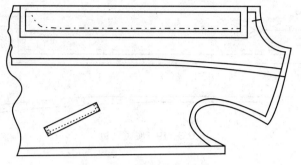

图 3-123　绷缝前身暗门襟里布

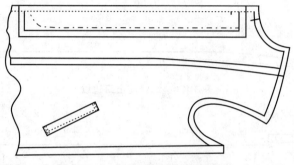

图 3-124　车缝、熨烫前身和贴边

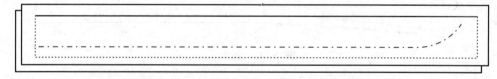

图 3-125　车缝暗门襟贴边里布和前身暗门襟里布

⑮ 车明线、打线结。在车缝固定暗门襟的明线之前，一定要用绷缝线进行固定，然后再车缝明线。最后一步是打线结。暗门襟的前止口两边、贴边和大身是浮起来的状态，纽孔之间和两端的角要用线结固定住，如图 3-126 所示。

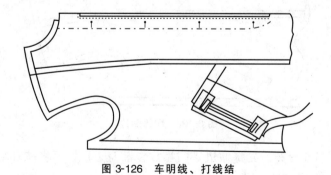

图 3-126　车明线、打线结

第五节　拉链部位缝制工艺

现将拉链门襟工艺介绍如下。

所谓拉链门襟，服装行业泛指衣物在人体中线锁扣眼的部位。但通常人们日常生活中所说的门襟，专指男裤或牛仔裤的门襟，也就是在裤子的前面，从腰部到前裆部开个叉，然后装上拉链或纽扣。

　　缝合龙门时把左右前裤片、左右后裤片重叠在一起，分别做上 A、B、C 记号和 A1、B1、C1 记号，A 和 A1、B 和 B1、C 和 C1 要处处对准。缝合从 A 点经过 B 点到 C 点，在缝合到龙门凹势处时，两手将凹势处拉紧，以防该部位缝线受力后拉断。缝合龙门是裤子工艺中重要环节，必须松紧一致，裆势圆顺。缝合龙门如图 3-127 所示。拉链门襟如图 3-128 所示。

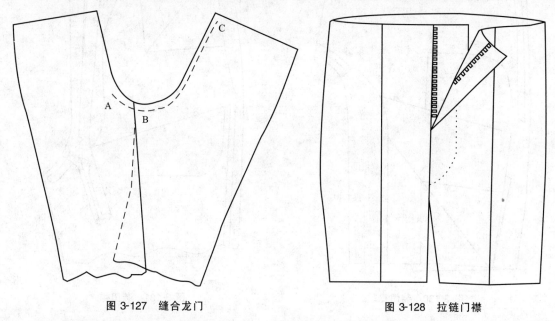

图 3-127　缝合龙门　　　　　　　　　　　　　图 3-128　拉链门襟

　　（1）门襟制作　门襟面、衬各一块，将门襟面衬固定，外弧拷边，用双止口把拉链固定车缉在门襟上，拉链头靠在门襟面上，上口拉链移进 0.8cm，下口拉链移进 0.3cm，里襟面、里、衬外弧对齐，车缉一道 0.8cm 宽缝线。里襟夹里内弧烫折 1.5cm，下弯处剪 0.8cm 深刀眼，翻出烫平，拉链的另一边车缉在里襟面上，门里襟上下不能交错，如图 3-129 所示。

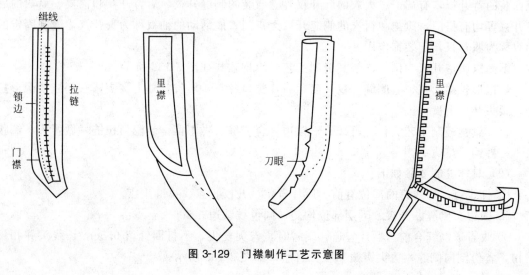

图 3-129　门襟制作工艺示意图

（2）装门襟　前片小裆车缉好，门襟与坐前片的前缝线对齐，车缉 0.8cm 宽缝一道，缝子折向门襟面，在门襟上车缉一道清止口，如图 3-130 所示。

（3）装里襟　里襟反面翻出，里襟面与前片里襟内弧对齐，并与门襟上下平齐，车缉 0.7cm 宽缝一道，缝子折向前裤片，车缉一道清止口，压在前裤片上，如图 3-131 所示。

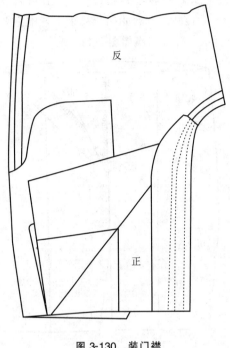

图 3-130　装门襟

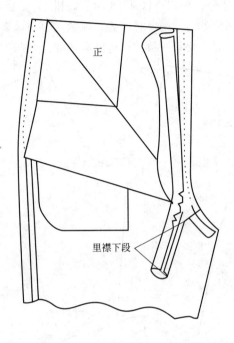

图 3-131　装里襟

第六节　开衩缝制工艺

开衩的种类比较多，结构形式可分为有搭门和无搭门，真开衩和假开衩，有单做式和夹做式等。根据开衩所在服装的部位又有各种袖型的袖开衩，有衣、裙、裤的侧缝开衩，有正统西装的背开衩，有裙子、大衣的后开衩等。西装的侧缝开衩、后背开衩和袖衩、筒裙的后身开衩等均有搭门，旗袍和衬衣的侧缝开衩无搭门。能活动的袖衩称为真开衩，缝制固定的袖衩称为假开衩，起装饰作用。

下面以旗袍开衩为例，详解其缝制工艺。旗袍款式如图 3-132 所示。

旗袍形长裙，左、右侧缝开衩，前、后片腰口各收 4 个省，外上腰头，右侧缝装隐形拉链，腰头开口上裤钩。

（1）旗袍缝制工艺流程　打线钉—锁边—合侧缝、做下摆—装隐形拉链—做腰头、绱腰头—钉裤钩—整烫。

（2）具体缝制要领如下。

① 打线钉。打线钉的部位有前、后片省位、开衩止点、拉链止点。

② 锁边。侧缝、开衩、下摆部位均匀，同色线锁边。

③ 收省道。缝合前、后片省道，缉省时，省尖要尖，不打回针留 0.5cm 长线头并扣烫省份，省份倒向侧缝，烫尖熨烫平服、自然，如图 3-133 所示。

图 3-132 旗袍款式

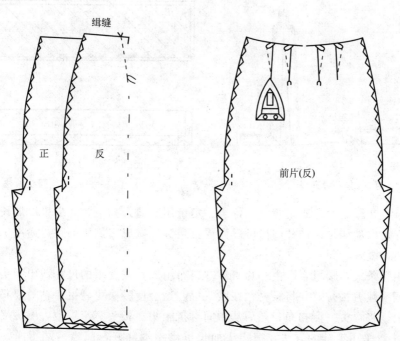

图 3-133 旗袍缝制收省道

④ 合侧缝、做下摆。前、后片正面相对，腰口对齐，左侧缝从腰口缉缝至开衩止点，

右侧缝从拉链止点缉缝开衩止点，并将侧缝分烫平服。

⑤ 做开衩。沿着侧缝线折痕将开衩贴边，下摆折边扣烫好，然后折起摆角以A点为基点，使B、C点重合，再缝合过A和B、C点的直线，再将多余的缝头剪掉，只留0.3～0.5cm的余量。

开衩贴边和下摆折边用暗线缝好后，其角度与要求完全吻合。为了保持下摆角平薄、美观、整齐，还需要将夹角缝线分缝。

最后将贴边翻折过来，干净利索的开衩摆角便展现出来。当4个摆角做好后，观察前、后开衩是否等长，用手针绷缝固定，最后手针暗缲或用三角针的方法将开衩、下摆缲牢，缝线针迹要均匀、美观。做开衩如图3-134所示。

⑥ 装隐形拉链。注意缲合后拉链的封闭性。

⑦ 做腰头、缲腰头。

a. 做腰头。腰头使服装光洁，起加固作用。通常与腰口大小一样，有多种设计与服装相协调，以窄而直的腰头最常见，宽度通常为2.5～4cm。腰头挺括，一是为了防止腰部被拉伸，二是起到加固并修整以防皱的作用。可以使用中型或厚型衬。腰头烫衬起特殊的硬挺作用。旗袍腰头做法如图3-135所示。

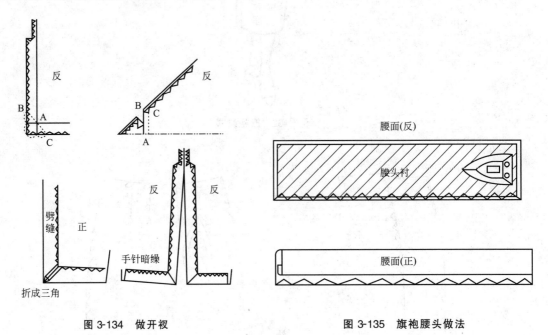

图 3-134 做开衩　　　　　　　　　　图 3-135 旗袍腰头做法

里襟加长，在腰头上缝制里襟时，留出一定量用于缝合扣位。如果里襟加长门襟就对齐拉链边，缝好。门襟加长，这种门襟可以做成直腰头或做成宝剑头的腰，适用于系扣子。里襟对齐拉链边，缝好。

腰头选用整条式，腰里、面由一片直纱本料布组成，按要求的尺寸裁出腰头裁片。按腰头的长短、宽窄裁剪腰衬，并将腰衬粘在腰头里，这会使腰头更硬挺；粘衬要平服，然后把腰里一侧锁边。将腰头一侧扣净，然后从中间对折腰头。腰头宽窄一致，熨烫平伏。

b. 缲腰头。采用夹缝的方法，把腰头加长里襟一端缝好，门襟一端折净，并缉0.1cm窄明线，使缝份固定。将裙腰口摊平夹在腰头中间，门襟对齐拉链边，在腰面折痕上缉0.1cm明线，将腰口与腰头缉缝固定，如图3-136所示。

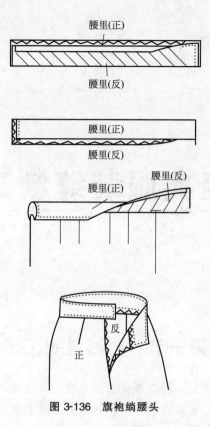

图 3-136　旗袍绱腰头

⑧ 钉裤钩。钩钉在门襟腰里上，袢钉在里襟腰面上。用锁扣眼的方法将每个缝缀孔锁满，线的松紧适宜，钩与袢的位置准确无误。

⑨ 整理熨烫。除掉多余的线头、粉印，熨烫时，先在反面熨烫缝份、折边、开衩，熨腰头和臀围部位时需放在烫马上，以保证裙装的立体造型，防止出现皱褶；如在面上熨烫时，需盖上水布熨烫，防止出现极光现象。

第四章　经典服装缝制工艺与实例

第一节　衬衫缝制工艺

衬衫是穿在内外上衣之间、一种有领有袖前开襟，而且袖口有扣常贴身穿也可单独穿用的上衣。现已成为男、女常用服装之一。衬衫的结构造型丰富，具有自由、舒适的特点。工艺结构可有单、夹、棉等各种形式的处理。

现将男衬衫缝制工艺介绍如下。

1. 缉翻门襟、里襟

烫门里襟、挂面及烫省如图 4-1 所示。

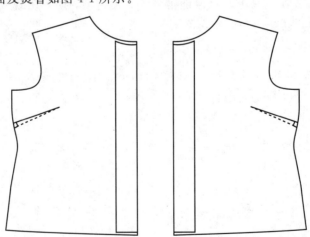

图 4-1　烫门里襟、挂面及烫省示意图

（1）缉翻门襟　先在翻门襟反面居中处烫上 3.2cm 宽有纺黏合衬，再沿衬将翻门襟毛边折转扣烫平服，以领口眼刀为准，将左前片前中一个缝头向正面扣转烫好。将扣烫好的翻门襟覆门襟覆在左前片门襟正面，前中止口坐出 0.1cm，摆正离边 0.3cm 缉明止口，然后在翻门襟另一侧，距边 0.3cm 缉明止口。需要注意缉线顺直，上下松紧一致。

（2）缉里襟　以领口眼刀为准，将里襟贴边扣转烫直，并按照 2.5cm 宽将巾边里口毛边扣转烫好，缉压 0.1cm 明止口。

（3）对条纹　如采用的面料为对条产品，翻门襟条纹离锁眼中心 1.7cm 烫折缝，里襟条纹离打纽中心 1.5cm 烫折缝。门里襟必须是同一个花型条纹。

2. 烫袋

以袋口净线为准，将袋口贴边折转烫平，再按照净宽 2.7cm 将贴边里口毛边折光烫平，沿里口折光边缉 1cm 清止口。口袋其余 3 边以袋样板为准扣烫准确。

3. 钉袋

钉袋时应该注意口袋的高低和左右必须盖没定位钻眼，口袋位置要端正，条格要对齐。从袋口右侧起针，闷缉 0.1cm 清止口。袋口用 0.1cm、0.6cm 双止口缉封，长以贴边宽为准，左右封口要对称，缉线整齐、平直，打好回针，如图 4-2 所示。

4. 拼接过肩

装后过肩前应先将左右肩缝向后反面扣转

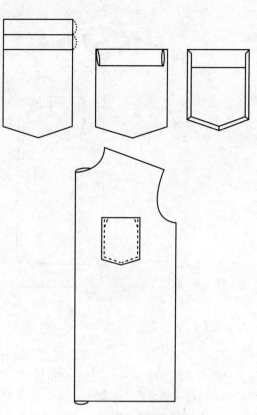

图 4-2　烫袋、钉袋示意图

烫好。可先烫右肩缝，缝头为 0.7cm，再对折平齐下口，烫左肩缝，要求左右肩缝平直对称，过肩面、里完全一致，然后装后过肩。过肩正面向上放下层，过肩面正面向下放上层，后衣片正面向上夹在中间，后中眼刀对齐，以缝头 0.7cm 缝缉一道。再将过肩面翻正，沿边缉压 0.1cm 清止口。将前衣片与过肩里面咬缝拉装，注意过肩面、里两面均缉住，目口线迹整齐，起止点打好回针，如图 4-3 所示。

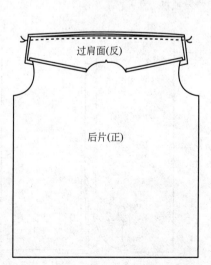

过肩面（反）

后片（正）

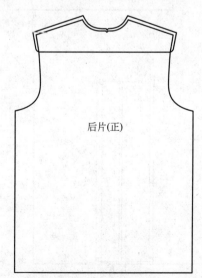

后片（正）

图 4-3

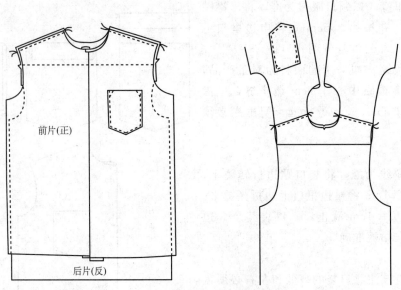

图 4-3　拼接过肩、修剪领圈

5. 做袖

（1）缉袖衩　按定位标记将袖片衩口剪开，长约 11cm。里襟一侧袖衩条长 11cm、宽 4cm，先将衩条两侧各扣转 0.6cm，然后对折烫平，注意衩里吐出衩面 0.1cm，然后与衬衩里襟一侧咬缝拉装。门襟一侧可先将宝剑头袖条沿边折光再对折，里子吐出 0.1cm，将袖子大衩一侧夹进，跟边 0.1cm 兜缉宝剑头明止口，并在衩口下 1cm 处平封衬衩三道，如图 4-4～图 4-9 所示。

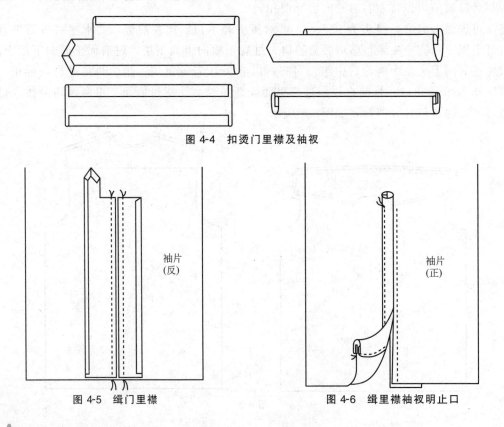

图 4-4　扣烫门里襟及袖衩

图 4-5　缉门里襟

图 4-6　缉里襟袖衩明止口

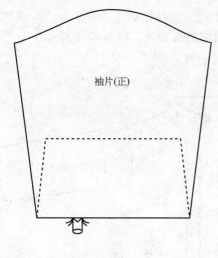

图 4-7　封三角

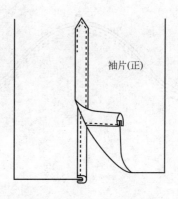

图 4-8　压缉门襟袖衩明止口

（2）做袖克夫

① 兜缉袖克夫　袖克夫面按净样四周放缝 1cm 配置，袖克夫衬采用树脂黏合衬净缝配置。先将袖克夫衬粘烫在袖克夫面的反面，再将袖克夫面、里正面相合，边沿对齐，离袖克夫衬 0.1cm 兜缉三边，兜缉时应适当吊紧里子，并使两角圆顺。

② 翻烫袖克夫　留缝 0.3cm，将缝头修剪圆顺。翻出袖克夫止口，将圆头烫圆顺，下口烫直，并保证圆头大小一致，止口坐进 0.1cm 不外吐。最后包进两端优质产品缝，将袖克夫面里上口向内折光烫好，烫时应注意袖克夫里子较面子虚出 0.1cm，然后将整只袖克夫烫平服，如图 4-10 所示。

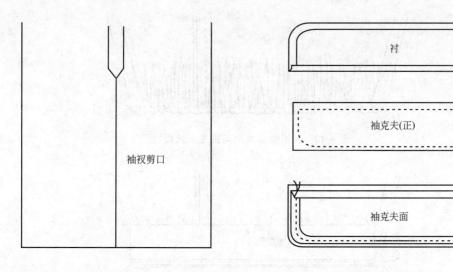

图 4-9　剪三角　　　　　　　　　　图 4-10　做袖克夫

6. 装袖

衣片在下，袖片在上，正面相合，袖底缝对准摆缝处留 1cm 缝头缉缝，装袖时要既使袖子有一定的吃势，又不能起皱打裥，要衬袖中眼刀对准边肩装袖眼刀，前后松紧一致，然后用锁边机将缝头锁光，如图 4-11 所示。

7. 缝合摆缝、袖底缝

缝合摆缝、袖底缝，应一气呵成，注意一律由下摆开始往上缝，缝头1cm。缉线顺直，上下层平服，袖底处十字缝口对齐，缉完后用锁边机将缝头锁光，如图4-12所示。

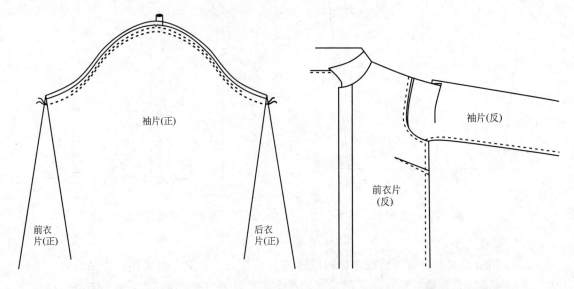

图 4-11　装袖　　　　　　　　　　　　图 4-12　缝合摆缝、袖底缝

8. 装袖克夫

将袖克夫咬缝接装到袖子上，先将宝剑头袖衩门里襟放平，把袖口夹入做好的袖克夫内，注意袖克夫两端要塞足、塞平，缝头为0.8cm。在袖克夫正面缉0.1cm窄止口，反面坐缝不超过0.3cm，然后在袖克夫另外3边缉0.3cm明止口，如图4-13~图4-15所示。

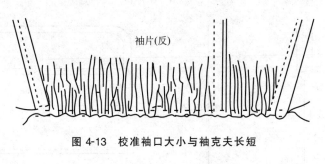

图 4-13　校准袖口大小与袖克夫长短

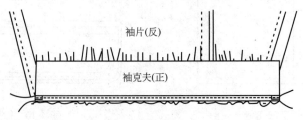

图 4-14　袖口装袖克夫夹里

9. 做领

（1）裁配翻领面、里、衬　领衬通常用涤棉树脂黏合衬斜料。以净样为准角，铅笔划出净缝线，四周放缝头0.7cm，上领面、里与衬相合。为减少领角厚度，将领衬尖角缝头剪

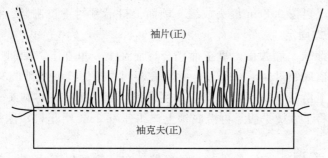

图 4-15　袖口缉袖克夫明线

去。为保证领角挺括，翻领两角还需加放领角衬，并在领角衬上离领净线 0.2cm 处缉上塑料插片，然后摆正领角衬位置，轻烫固定，如图 4-16 所示。

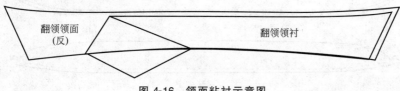

图 4-16　领面粘衬示意图

（2）烫领　将领衬与领面对齐摆正，条格或花型面料应注意左右领尖条格或花型对称。为保证领子的挺括、窝服，工厂里是在压领机上将领面压烫定型的，家庭制作用熨时应注意领角的窝势，如图 4-17 所示。

图 4-17　缉翻领示意图

（3）车缉翻领面、里、衬　将领里和领面正面相合，领里在上，领面在下。以领衬上铅笔净缝线为准兜缉，缉时应在领角两侧略微拉紧领里，使其产生里外均匀，以满足领子的窝服要求，如图 4-18 所示。

图 4-18　翻正领里

（4）翻烫翻领、缉压明止口　将领角缝头修成宝剑头形，留缝头 2cm。将领角翻足翻尖，止口伸平，领里坐时 0.1cm 烫实，再在正面缉压 3cm 明止口。要求领面止口线迹整齐，两头不可接线。最后将领下口按领衬修齐，居中做好眼刀，如图 4-19 所示。

图 4-19　修剪翻领下口

（5）裁配底领面、里、衬　底领衬通常用涤棉树脂黏合衬斜料，净缝配置。先将底领衬粘烫在底领领面上，再按 0.8cm 缝头放缝。领面上口沿领衬下口刮浆、包转、烫平，并在正面缉 0.6cm 明止口固定。

（6）底领夹缉翻领　底领面、里正面相合，面在上，里在下，中间夹进翻领，边沿对齐，三眼刀对准。离底领衬 0.1cm 缉线，并将底领两端圆头缝头修到 0.3cm。

（7）缉压底领上沿明止口　用大拇指顶住缉线，翻出圆头，将圆头止口烫平，坐进里子，熨烫圆顺，并将下领烫平服，再沿底领上口缉压 0.2cm 明止口，注意起落针均在翻领的两侧。

（8）做好装领三眼刀　按底领领面包光的净缝下口，底领里下放缝 0.7cm 做好肩缝、后中三眼刀，如图 4-20 所示。

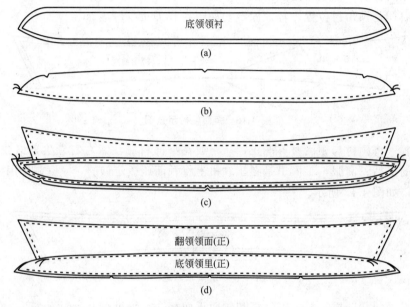

底领领衬

(a)

(b)

(c)

翻领领面(正)

底领领里(正)

(d)

图 4-20　做底领

10. 装领

（1）装领　下领领里和衣片正面相合，衣片在下，领里在上，以 0.6cm 缝头缝缉。注意领里两端缝头略宽些，端点缩进门里襟 0.1cm，肩缝、后中眼刀对准，防止领圈中途变形，起止点打好回针，如图 4-21 所示。

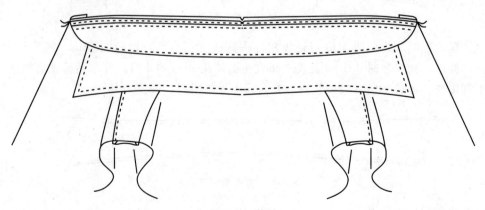

图 4-21　装领

（2）缉领　将领面翻正，让衣片领圈夹于底领面、里之间，缉线起止点在翻领两端进2cm 处，接线要重叠，但不能双轨。底领上口、圈口处缉 0.15cm 明止口，底领下口缉0.1cm 明止口，反面坐缝不超过 0.3cm，两端衣片要塞足、塞平，如图 4-22 所示。

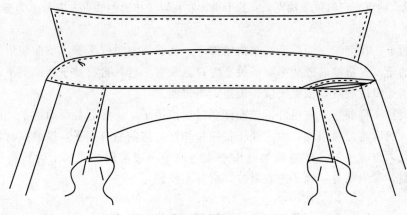

图 4-22　缉领

11. 卷缉底边

将衣服底边修齐修顺，卷边从门襟下脚开始，因本款为圆下摆，卷边净宽 0.6cm。在反面折边缉 0.1cm 清止口，起止点打好回针。要求门、里襟长短一致，卷边宽窄均匀，中途平服不起皱，摆缝缝头倒向后片，如图 4-23 所示。

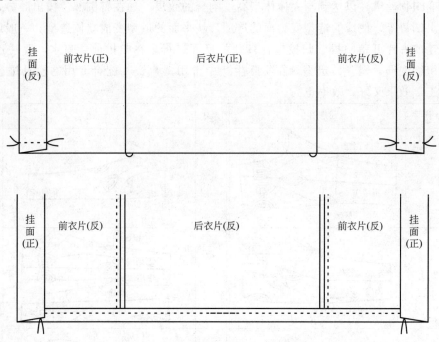

图 4-23　卷缉底边

12. 锁眼

底领上锁横眼 1 只，其余 5 只为竖眼，进出以门襟搭门 1.7cm 为基准，眼位间距按工艺要求，通常上面 1 只离领脚眼 7cm，最下面 1 只离底边 1/4 衣长，其间 4 等分。左右袖克夫各锁眼 1 只，位于袖衩门襟一侧，左右以纽眼外封口跟袖克夫边 1cm 为准，高低位于袖克夫宽的中央。扣眼大约为 1.6cm，锁眼针码密度为 11～15 针/cm。

13. 钉扣

底领扣位以里襟扣位直线为依据，里襟纽位应低于眼位中心 0.2cm，左右离边 1.4cm，上下纽扣呈一直线。袖克夫钉纽位于袖克夫宽的中央，左右以纽扣边距袖克夫边 1cm 为准。

14. 整烫

（1）烫领子 在翻领正面，沿绲线拉紧伸平，使领面与绲线平服，反面领里不起涌。

（2）烫袖子 先将袖底缝烫平服，烫平缝口，没有坐缝，再将袖子两面熨平，袖衩长短要一致，折裥要熨烫顺直，袖克夫应先熨里，再熨面。

（3）烫大身 将前身左右甩开，把商标和过肩里烫平，再将后身反面烫平，前身胸袋反面线迹烫平。然后将门襟搭拢，由上往下将纽扣扣好，将前后身摆平，摆缝拉直，使前过肩左右高低一致，熨烫平服。注意装袖缝头一律向袖子一边坐倒，使领子折转自然，坐势恰当；领面平服，领尖贴身，领子左右对称，窝服不反翘。

第二节 裤子缝制工艺

现将裤子的缝制方法及要领介绍如下。

（1）裤子的归拔熨烫 裤子的归拔熨烫具体部位如图 4-24 所示。归拔熨烫也被称为归拢、拔开的工艺，是传统手工艺技术中要求技术含量比较高的方法之一，目的是通过归拢和拔开来改变织物丝缕，以达到与人体体型高度吻合的效果。如在臀围部位拔出胖势，在横档部位归拢出凹势等，使线的造型变为面的造型，从平面的造型变成立体造型。一般以归拔后裤片为主，前裤片可稍归拔。归拔应在裤片的反面进行。在归拔前要喷水，要往返熨烫多遍，直至织物变形、熨开、定型。在实际生产中常用蒸汽熨斗配合专用的模具进行归拔熨烫，既省工，效果又好，效率也高。

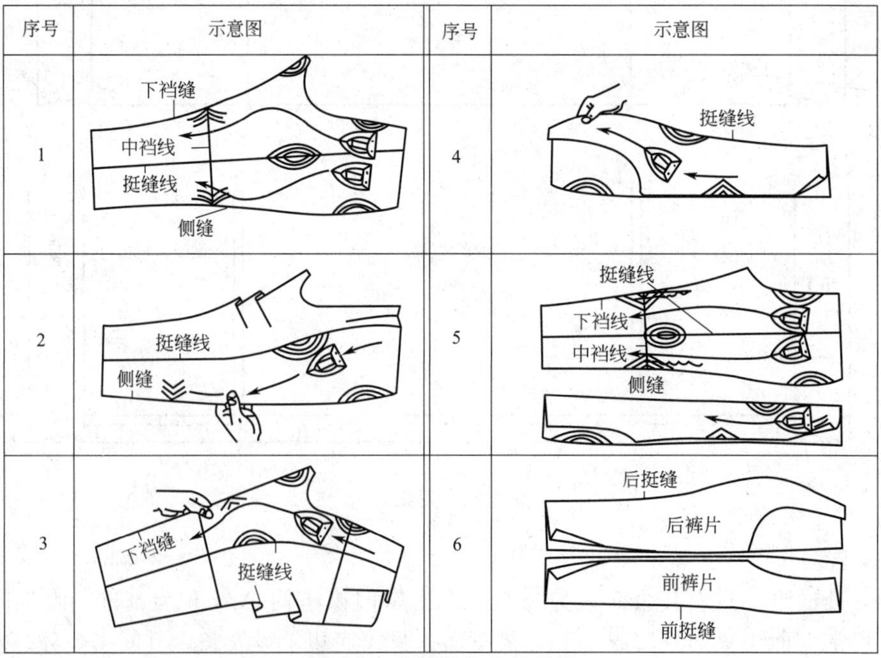

序号	示意图	序号	示意图
1		4	
2		5	
3		6	

图 4-24 前后裤片归拔熨烫

（2）熨烫前裤片中线　以烫迹线为界，将下裆缝与侧缝对齐折叠，熨烫裤中线，注意要垫上水布，并要求喷水烫平迹线。

（3）做侧缝斜插袋　斜插袋缝制如图 4-25 所示。

序号	示意图	序号	示意图
1	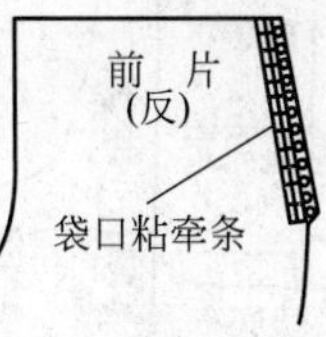 前 片（反）　袋口粘牵条	4	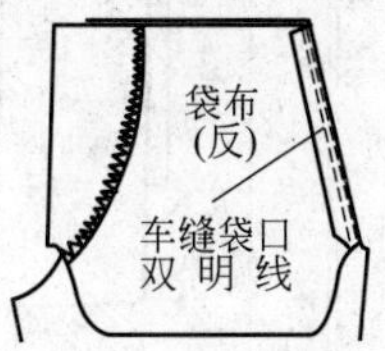 袋布（反）　车缝袋口双明线
2	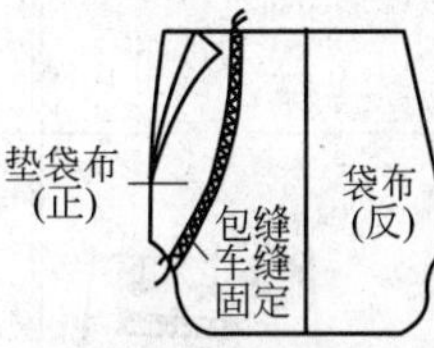 垫袋布（正）　包缝车缝固定　袋布（反）	5	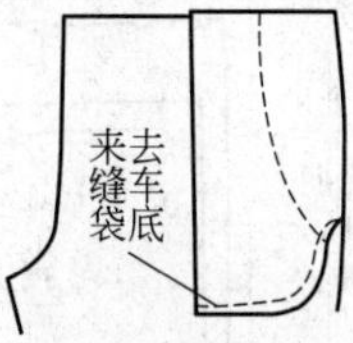 来去缝车袋底
3	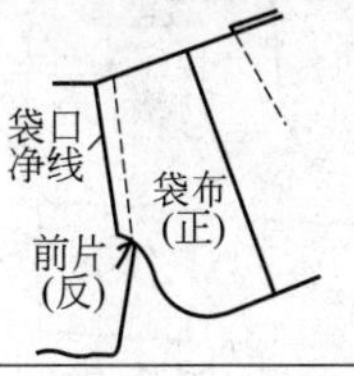 袋口净线　袋布（正）　前片（反）	6	 车缝固定袋　封口两端

图 4-25　斜插袋缝制

① 沿袋口净线外侧粘直牵条，并用同色线包缝。

② 包缝垫袋布，并将其缝在袋布反面上。

③ 将袋布上层袋口边对齐前片袋口净线，并以搭缝固定。

④ 前片袋口下端打剪口至接近净线，但不要剪毛。将袋口折边连同袋布沿净线向反面翻折、烫平，然后车缝袋口双明线，第一条明线距袋口 0.1cm，第二条距袋口 0.7cm。

⑤ 来去缝勾袋底。

⑥ 将袋布及前片摆放平整，车缝固定袋口上、下两端。折叠前褶、烫平，车缝固定。

（4）覆裤绸　用白棉线将裤绸与前片固定，注意内、外侧缝对齐，使裤绸在宽度方向稍松一些。然后将裤绸腰部的褶裥折好，车缝固定。

（5）包缝　将前、后裤片的裆缝及内、外侧缝部位用同色线包缝。

（6）做后袋　裤子后口袋若缝制一只，口袋应缝制在右后裤片上；若缝制两只口袋，左右后裤片各缝制一只，而且口袋位置要对称。现以单开线带盖口袋为例，介绍其具体缝制工艺如下。

① 裤后口袋前后袋布需要连裁，每只口袋裁剪袋布与垫底布各 1 片。袋布长约 44cm，宽18cm，袋布上边缘斜度应与后裤片后翘斜度相同。然后在袋布正面画出袋口标记，袋口长 14cm，垫底布长 16.5cm，宽 4～5cm，如图 4-26 所示。

② 车缝完裤片两省道后，再用熨斗将省向裤后缝方向口熨烫，然后将袋布袋口标记与裤片反面袋口标记对准，并用手针将袋布与裤片绷缝固定，如图 4-26 所示。

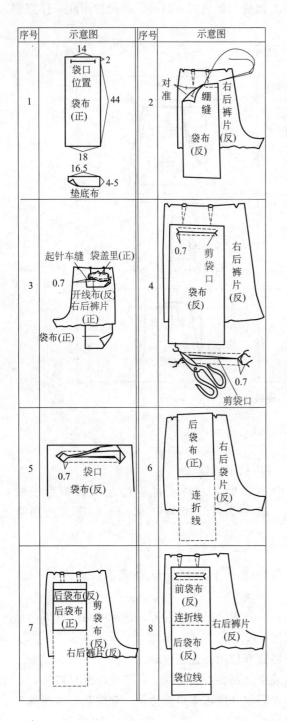

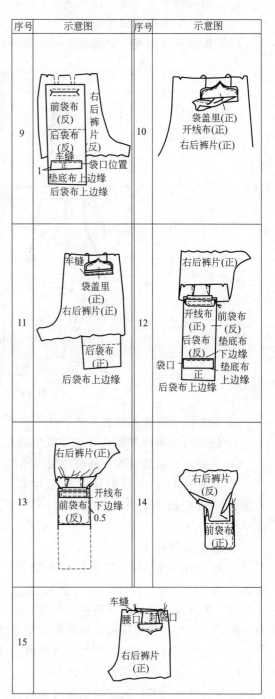

图 4-26　后袋缝制

　　③ 车缝袋盖与开线布。袋盖长 14cm，与袋口长相等；开线布尺寸与垫底布相同，其下边缘为光边或锁边。车缝时将裤片正面向上，袋盖面与裤片正面相对，袋盖上口净印对准裤片袋口标记，起止针要车缝来回针。然后将袋盖缝份向上折转，开线布与裤片正面相对，其上边缘与袋盖根底对齐后在开线布上车缝一道线，开线布车缝线与袋盖布车缝线平行，长度

相等，垂直距离为 0.7cm，如图 4-26 所示。

④ 将裤片反面向上，在两条车缝线中间剪袋口，距车缝线两端点 0.7cm 处剪三角。三角要剪到根底，但不要剪断车缝线，如图 4-26 所示。

⑤ 用熨斗将袋口两侧三角分别向袋布反面扣烫，如图 4-26 所示。

⑥ 将袋布反面相对，袋布下边缘折转到裤片要口处，并高出腰口 1cm，然后用熨斗在袋布底端熨烫出折痕线，此线即为前后袋布的连折线，如图 4-26 所示。

⑦ 现以袋口线位置为基准，将袋位线上部的后袋布部分向下折转，并用熨斗熨出折痕线，此折痕线即为后袋布上的袋位线，如图 4-26 所示。

⑧ 将前、后袋布展开，如图 4-26 所示。

⑨ 车缝垫底布，垫底布下边缘用光边或锁边。车缝时将垫底布正面向上放在后袋布的袋位线处，其上边缘超过袋位线 1cm，下边缘与后袋布车缝固定，如图 4-26 所示。

⑩ 将开线布从袋口处翻转到裤片反面，在裤片反面将开线布与裤片缝份分缝后，在裤片正面将开线熨烫成 0.7cm 宽，如图 4-26 所示。

⑪ 沿开线下边缘车缝一道 0.1cm 宽明线，如图 4-26 所示。

⑫ 将开线布下边缘与前袋布车缝固定，如图 4-26 所示。

⑬ 以连折线为准，将前后袋布正面相对，沿袋布边缘车缝 0.5cm 宽一道线，然后用熨斗将缝份向后袋布方向扣烫。车缝时注意不要车缝住后裤片，如图 4-26 所示。

⑭ 将前后袋布正面翻出，用熨斗将袋布熨烫平伏，止口处前袋布不要外吐，然后沿袋布边缘车缝 0.6cm 宽一道明线，如图 4-26 所示。

⑮ 将裤片正面向上，袋盖向下折转，使袋盖面正面向上，其缝份塞入袋口中，再沿袋口上边缘车缝一道线，袋口两侧车缝来回针封结。最后将后裤片腰口边缘与后袋布边缘车缝固定，如图 4-26 所示。

（7）缝合外侧缝　将前、后片正面相对，外侧缝对齐，沿净线车缝，然后分封熨烫平整。

（8）缝合下裆缝　并分缝熨烫平整。

（9）熨烫后裤中线　将裤管沿前裤中线摆放平整，这时侧缝与下裆缝应对齐，熨烫后裤中线，从裤口烫至臀围线，如图 4-27 所示。

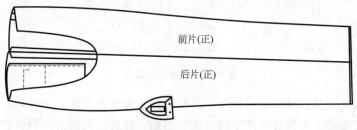

图 4-27　熨烫后裤中线图

（10）做门襟。如图 4-28 所示。

① 门襟贴边及底襟反面粘无纺衬，并按图示位置包缝。

② 底襟与底襟里正面相对，勾缝外侧边，缝至距底襟上端 1cm 处止。

③ 将底襟正面翻出、熨烫平整，沿边车缝 0.1cm 明线。扣烫底襟里，其前口比底襟宽出 0.1cm。

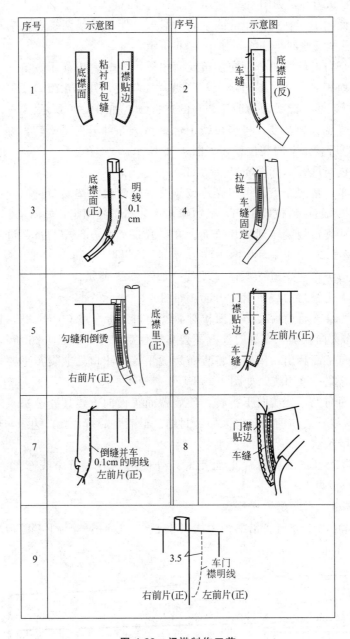

序号	示意图	序号	示意图
1	底襟面　粘衬和包缝　门襟贴边	2	车缝　底襟面（反）
3	底襟面（正）　明线 0.1cm	4	拉链 车缝固定
5	勾缝和倒烫　底襟里（正）　右前片（正）	6	门襟贴边　车缝　左前片（正）
7	倒缝并车 0.1cm 的明线 左前片（正）	8	门襟贴边　车缝
9	3.5　车门襟明线　右前片（正）　左前片（正）		

图 4-28　门襟制作工艺

④ 将拉链的反面与底襟面正面相对，拉链右侧基布距底襟外口 0.2cm，车缝固定。

⑤ 右前片与底襟正面相对，沿净线勾缝右门襟，然后向侧缝方向倒缝熨平。

⑥ 将门襟贴边与左前片正面相对，沿净线车缝。

⑦ 翻烫门襟贴边，并将缝份倒向贴边一侧，沿缝口车缝 0.1cm 明线。

⑧ 将两前片正面相对，车缝前裆弯，缝至门襟下端止，打倒针，分缝烫平。将左侧门襟略盖住右侧门襟约 0.2cm，对好拉链的位置，将拉链左侧布边与门襟贴边车缝固定。

⑨ 按照预先设定的门襟宽度车缝左门襟明线。

（11）做裤袢，如图 4-29 所示。

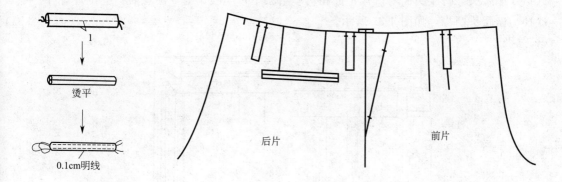

图 4-29　做裤袢　　　　　　　　　　　　　图 4-30　钉裤袢

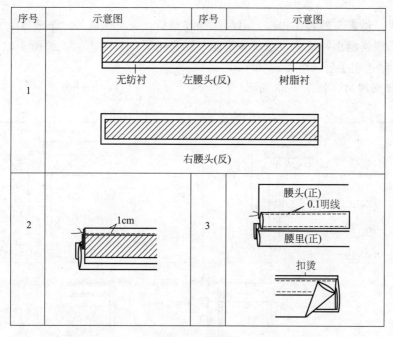

图 4-31　做腰头

以下介绍的是一般的制作方法。实际生产中工厂会选用效率更高、质量更好的专门裤袢机制作，大大提高了效率。具体做法为：将裤袢反面朝外对折，车缝裤袢宽度。将缝份分缝熨平后翻裤袢，缝口放在中间熨平。两边分别车缝 0.1cm 明线。

（12）钉裤袢，如图 4-30 所示。

一般正常体型的裤子钉 6 根裤袢，肥胖体或凸肚体由于腰围过大，可钉 8 根裤袢。前裤袢在前片第一褶处，后裤袢钉在距后裆缝 2～4cm 处，中间等分。

（13）做腰头，如图 4-31 所示。

① 将腰头反面先粘一层无纺衬，再粘一层 3.5cm 宽的树脂衬。

② 将腰头与腰里正面相对，上口对齐，按 1cm 缝份车缝。

③ 将腰上口缝份倒向腰里一侧。沿缝口车缝 0.1cm 明线，然后沿树脂衬边缘扣烫腰上口。

（14）缉腰头　将腰头面与裤片正面相对，沿腰下口净线车缝，注意后裆缝位置对齐。

（15）做腰头门襟，如图 4-32 所示。

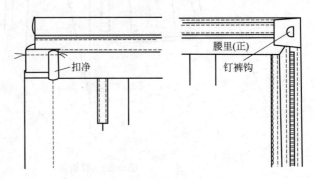

图 4-32　腰头门襟制作工艺

① 将门襟一侧腰头的边缘扣净，沿门襟净线翻折，使反面向外，车缝腰头上口。

② 将腰头正面翻出，烫平，在腰头里面一层靠边缘位置装裤钩，按图 4-31 将腰里圈折好，连同腰头贴边用手针缲缝。

（16）做腰头底襟，如图 4-33 所示。

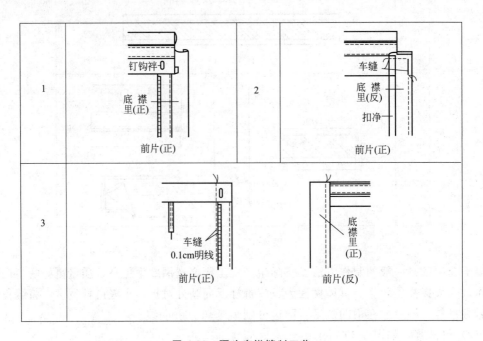

图 4-33　腰头底襟缝制工艺

① 拉好拉链，比齐腰头门襟上的裤钩位置，在底襟一侧的腰头面上装钩袢。

② 使腰头和底襟里正面相对，车缝腰头上口及前端。

③ 将腰头正面翻出，熨平，使腰头里盖盖住腰里，沿门襟净线车缝 0.1cm 明线。

（17）固定裤袢　固定裤袢上端时要将腰里翻开，只缝在腰面上。

（18）车缝后裆缝　注意要将腰里翻开，一直缝到腰里的下口处打倒针，缝双线，然后分缝烫平。

（19）固定腰里，如图 4-34 所示。

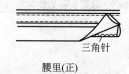

腰里(正)

打结
固定

(反)

图 4-34　固定腰里缝制

① 掀开腰里外层。将里层用三角针固定在前、后袋布上。

② 将腰里外层在前省、侧缝、后袋袋布、后裆缝等处打结固定。企业生产时使用专门的点套结机进行固定，其正面不能有线迹。

（20）绗裤口　按裤长扣烫裤口折边，并用三角针撬牢。

（21）锁扣眼、钉扣　在后袋袋口中间位置锁圆头扣眼、钉扣。

（22）套结　侧袋和后袋的袋口两端、门襟下端点处套结。

（23）整烫、钉扣，如图 4-35 所示。

整烫前先将所有线头剪干净，然后按照先内后外、先上后下的次序，分四步整烫。

① 先将裤子左右侧缝和下裆缝分开烫实，按着把小裤底、袋布、腰里烫平，随后垫上铁凳、把后缝分开，弯裆处边缝拨开，同时把裤裆熨烫圆顺。

② 将裤子翻到正面，熨烫裤子上部。先烫门里襟、前裥位，再烫斜袋口、后省、后袋嵌线。烫时上盖干湿布两层，干布放在下面，湿布放在上面，熨斗在湿布上轻烫后立刻把湿布拿掉，再在干布上面把水分熨干，要适可而止，防止熨出极光。同时看各

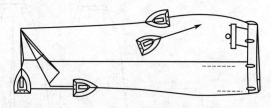

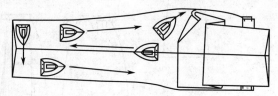

图 4-35　长裤整烫、钉扣

部位的线缝是否顺直，如稍有不正，可用手轻轻捋顺，使各部位达到平挺、圆顺。

③ 熨裤子脚口，先把裤子侧缝和下裆缝对准，然后把脚口里齐放平，上盖干湿布，熨法同上。如有翻脚的应将翻脚宽度折叠准确并熨实。

④ 熨裤子的前后挺缝。熨时必须对准 4 缝即 2 条侧缝，2 条下裆缝，熨前要检查前挺缝的条子和丝绺是否顺直，如有偏差，应以前挺缝的丝绺顺直为准，侧缝和下裆对齐上盖干湿布，烫法同上。接着烫后挺缝，把水布移到后挺缝上面，先把横裆处后裆缝捋挺，将臀部圆势推出，横裆下端后挺缝适当归拔，上部不能烫得太高，烫到后腰口以下 10cm 处止，把挺缝烫平、烫实。接着将裤子调头，再熨烫另一边。烫时要防止两边后挺缝的止口高低不一，一定要左右两片对称一致。烫好后，把纽扣钉好，用裤夹吊起挂放。

第三节　裙子缝制工艺

一、裙子的定义及分类

裙子是指围裹在人体腰节以下部位的服装，无裆缝，一般多用于女性穿着（除苏格兰男裙及舞台男裙以及个别少数民族服装外），裙子能以连衣裙或其他独立形式存在。

现代裙子主要有套装裙、连衣裙及独立穿着的裙子，它除了长度的变化外，还有形态上的变化。随着生活的多样化，目前，在这个张扬个性的着装时代，今后的裙子无论是面料还是设计，制作方法上都会越来越多样化。

裙装的款式千变万化，种类和名称繁多，不同角度有不同分类。具体从廓形上来说，裙子可以分为紧身裙、半紧身裙、半圆裙和整圆裙。不同造型的裙设计如图4-36所示。

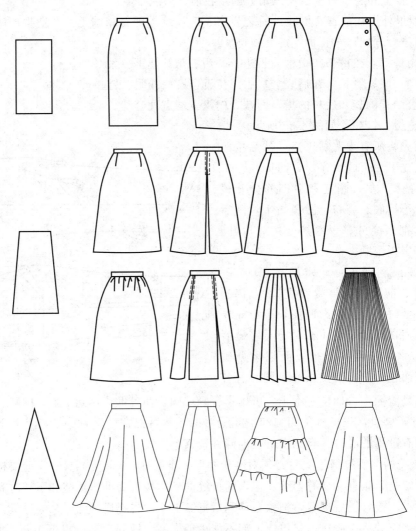

图 4-36　不同造型的裙设计

从本质上来看，影响裙子外形的是裙摆，实质上制约裙摆的关键在于裙腰线的构成方式。这一规律可以从紧身裙到整圆裙结构的演化中得以证明，如图 4-37 所示。

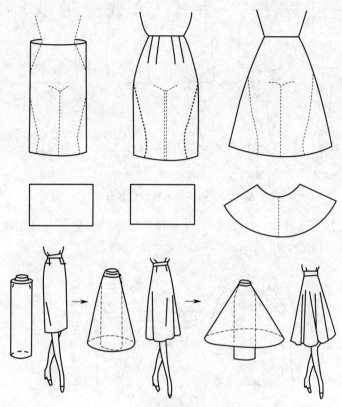

图 4-37　裙摆变化示意图

　　裙子又可以按长度分为超级迷你裙、迷你裙及膝裙、过膝裙、中庸裙和踝长裙等，如图 4-38 所示。

图 4-38　按长度划分裙子类型图

　　依据腰线位置分类可分为低腰裙、中腰裙（无腰头裙、有腰头裙）、高腰裙（带腰头高腰裙、连腰式高腰裙），如图 4-39 所示。

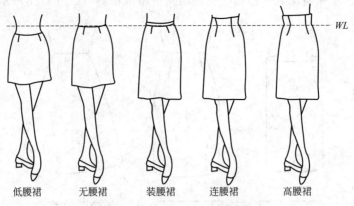

| 低腰裙 | 无腰裙 | 装腰裙 | 连腰裙 | 高腰裙 |

图 4-39 裙装依据腰线位置分类

依据裙腰部装饰分类可以分为育克、褶裥和包扎带、抽褶、交叉裙腰、滚边带、扎绞带、双纽对称裥等，如图 4-40 所示。

图 4-40 依据裙子腰部装饰分类

二、裙子的功能性

服装必须满足一定的功能性，而裙子则以不妨碍日常生活及下肢运动最为重要，如行走、跑步、上下台阶以及坐、蹲、盘腿等。在满足人静态穿着的前提下，裙摆大小是控制裙子功能性的重要因素。

（1）动作对尺寸的影响 由于动作幅度的变化，体格和体型的差别，蹲下和坐下时腰围加大 1.5～3cm，臀围加大 2.5～4cm。根据动作，考虑尺寸的变化，裙子腰围需要 3cm 左右的松量，但是腰围处松量过多，静止时外形不好看。一般在生理上腰围处有 2cm 左右的压迫对身体没有太大影响，所以腰围的松量以 1cm 左右为好。

（2）行走与裙摆围关系 裙子的摆围尺寸与步行有着直接关系，如果平均步幅裙长和裙围尺寸发生变化，裙长变长，裙摆围尺寸就必须变大。比如正常行走时，前后足距约为

65～70cm，双膝围 80～10cm。上台阶 20cm 高时，双膝围 90～115cm。上台阶 40cm 时，双膝围 120～130cm。合体造型的裙子，裙长如果超过膝盖，步行所需的裙摆量就会变得不足，所以必须设计开衩或加入褶裥等调节量进行弥补。根据活动情况，开衩缝止点一般在膝关节以上 20cm 左右位置比较适宜。

三、裙子的测量部位

裙子需要的测量部位如下。

（1）裙长　在髋骨上 3cm 处沿侧缝量至所需长度。

（2）腰围　在腰部最细处水平围量一周。

（3）臀围　在臀部最丰满处围量一周。

（4）臀高　从腰围线至臀围线的长度。

四、女士西服裙缝制工艺

1. 女士西服裙生产款式

女士西服裙生产款式如图 4-41 所示。

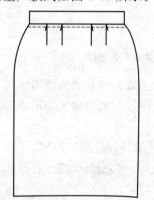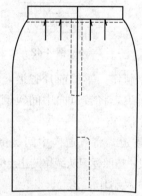

图 4-41　女士西服裙生产款式

2. 女士西服裙的缝制工艺流程

女士西服裙的缝制工艺流程如图 4-42 所示。

女士西服裙的生产工艺流程一般又要分为以下三个步骤。

（1）生产前准备与裁剪　具体任务为裁片、辅料的准备。该款女士西服裙面料主要包括前片一幅，后片左、右各一幅，裙头。里料有前片一幅，后片左里布、后片右里布。辅料包括裙腰衬布一块，后中线拉链一条，配色面线、底线以及锁边线等。

（2）缝制阶段　在未缝制前，应先试缝纫机，并调整好缝纫机的线迹、车缝速度，包括底、面线张力，使车缝线迹美观、均匀，同时按要求调好线迹密度。在一般情况下，西服裙线迹密度为 4～5 针/cm 为宜。

（3）后整理工艺阶段　完成西服裙整体缝制后，就要对西装裙进行最后的定型整理，包括剪线头、产品质量检验、整熨和包装等。

3. 女士西服裙的缝制工艺

（1）粘衬、粘嵌条　在裙子绱拉链处粘嵌条，粘接时可稍拉紧嵌条；裙子开衩处要粘衬；在腰头反面粘衬，如图 4-43 所示。

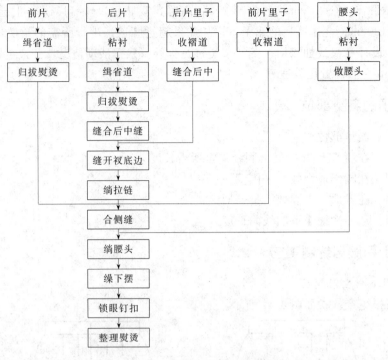

图 4-42 女士西服裙的缝制工艺流程

（2）西服前片制作 车缝前片省道，由省根缉至省尖处，省尖留出线头4cm，打结后剪短。省要缉直、缉尖，将省道向中间熨倒，侧缝臀围线位置归烫，如图4-44所示。

（3）西服后片制作

① 车缝后片省道，将省道向中间熨倒，侧缝臀围线位置归拔熨烫。

② 缝合后中线，按照标记从绱拉链止点缝合到开衩点，注意起止位置要打倒车，如图4-45所示。

（4）西服裙后衩制作工艺

① 左右后裙片后中缝各留2cm缝份。右后裙片门襟净宽为3cm，开衩采用右压左方式，缝份为1cm；左后裙片里襟净宽为门襟净宽的一倍，再留1cm的缝份。左右后裙片底摆留2cm缝份，如图4-46所示，门襟按净缝线向反面扣烫整齐。

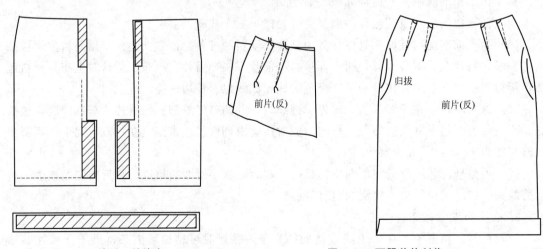

图 4-43 粘衬、粘嵌条   图 4-44 西服前片制作

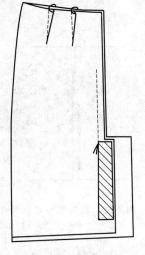

图 4-45 西服后片制作

图 4-46 裙后衩制作

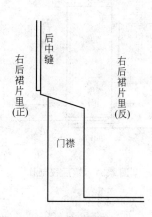

图 4-47 裙后衩制作

② 左右后裙片里的后中缝各留 2cm 缝份，左后裙片里开衩处与底摆各留 1cm 缝份；右后裙片里尺寸剪掉一部分，开衩与底摆各留 1cm 缝份，如图 4-47 所示。

③ 将左右后裙片反面向上，底摆处多余缝份剪掉，然后锁边，如图 4-48 所示。

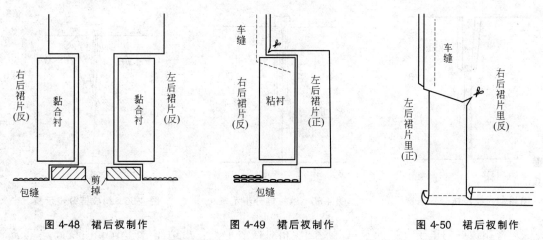

图 4-48 裙后衩制作　　　　图 4-49 裙后衩制作　　　　图 4-50 裙后衩制作

④ 将左右后裙片正面相对，车缝后中缝，到开衩止点向右下方车缝一斜线，然后在左后裙片缝份拐角处打一斜剪口。剪口止点距车缝线 0.1～0.2cm，不要剪断车缝线，如图 4-49 所示。

⑤ 将左右后裙片里的底摆缝份向反面先折转 0.5cm，再折转 2.5～3cm 后车缝并固定，然后将左右后裙片里正面相对，车缝后中缝，一直车缝至开衩止点结束。最后在右后裙片里的缝份拐角处打一剪口，如图 4-50 所示。

⑥ 将左右后裙片后中缝缝份烫熨平。门襟按净缝线向反面扣烫，将里襟先正面对折熨平，然后也向门襟方向扣烫，用绷缝与门襟固定。然后用手针将门里襟分别与各自底摆固定，如图 4-51 所示。

将左右后裙片里的开衩缝份向反面折转，用手针与左右后裙片面固定，如图 4-52 所示。

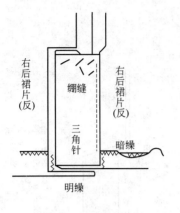

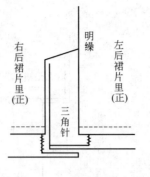

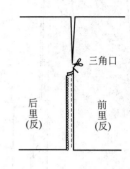

图 4-51　裙后衩制作　　　　图 4-52　裙后衩制作　　　　图 4-53　绱拉链分步示意

（5）绱拉链

① 将里子后中开口位置的缝份剪掉，根部向下斜剪开 0.5～1cm 宽的三角口，剪口位置要准确，三角位不要暴口，如图 4-53 所示。

② 将里子后中开口处向反面折扣 1cm 熨平，缝份不要暴口熨烫服帖，三角垂直向下，如图 4-54 所示。

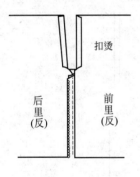

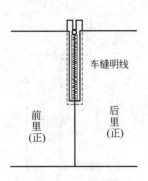

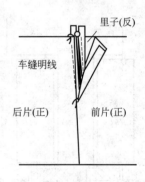

图 4-54　绱拉链分步示意　　　图 4-55　绱拉链分步示意　　　图 4-56　绱拉链分步示意

③ 将扣烫好的里子开口处于拉链反面，相对摆放平整，沿边车缝 0.1cm 明线固定里子和拉链，拉链位置准确适中，拉链牙应与里布有一定距离，易于开合防止咬合里布，如图 4-55 所示。

④ 将裙面与里子腰口对齐，后片开口位置压在拉链的基布正面上，车缝 0.1cm 边明线，平服不要暴口，裙衩尺寸准确，裙衩左右长短一致，如图 4-56 所示。

⑤ 将右片开口位置盖住拉链，要盖过左片约 0.2cm，开口下端打倒针封牢固。面料应完全遮盖拉链牙，车线要求平行、均匀，拉链、面料、里布腰围线应保持平齐一致，如图 4-57 所示。

（6）缝合侧缝　将裙子面、里的侧缝分别缝合。将里子侧缝与面子侧缝在中部用手针纳缝固定。

（7）做腰头　将腰头一侧按 0.8cm 缝份扣净、烫平；然后沿中间对折，两端接 1cm 缝份车缝；将腰头的正面翻出，熨烫平整，如图 4-58 所示。

（8）绱腰头

绱腰头如图 4-59 所示。

① 将腰头与裙子的正面相对，在后片后中开口处对齐，按 1cm 缝份从右向左车缝一周，保持左右高低一致，缝份均匀、准确，裙腰平服，宽度一致。

② 翻转腰头，使已扣烫好的腰头另一侧盖住绱腰缝线，从正面沿腰口刚才的缝线"灌缝"，缝份均匀，外观美观，不要露出线迹。

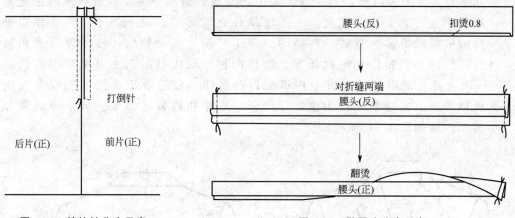

图 4-57　绱拉链分步示意　　　　　　　图 4-58　做腰头分步示意

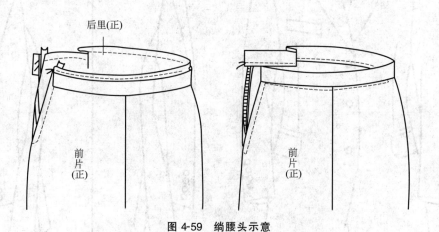

图 4-59　绱腰头示意

（9）将裙面下摆折边用手针缝三角针或暗线挑脚加以固定。

（10）锁眼钉扣　钉挂钩、锁眼或钉扣。注意在左片上钉扣，右片上锁眼，切记不能暴口，如图 4-60 所示。

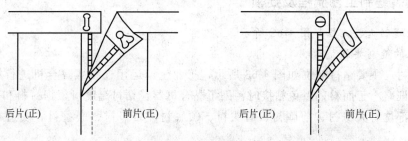

图 4-60　锁眼钉扣示意

（11）成品后整理熨烫

第四节　西装缝制工艺

一、概述

西装中国人又称之为西服，乃是西方舶来之衣物，是现今男女穿着较多的正规服饰之一，也是职业装的重要款式之一。主要品种有单排扣、圆下摆平驳领式和双排扣、平下摆戗驳领式等多种款式。西装的缝制工艺较为复杂烦琐，技术要求也相对较高，可分成传统工艺制作和现代新工艺制作两种。现代新工艺主要是应用现代新型衬料——黏合衬，采用各类先进专用机械设备制作，较适合于成批的工业化大生产。下面就以传统工艺缝制手段为主，详细介绍单排扣西装缝制工艺要求及要领和流程。单排扣西装如图 4-61 所示。

图 4-61　单排扣西装款式

二、西装缝制工艺流程及要领

1. 西装缝制工艺流程如图 4-62 所示。

2. 西装的缝制要领

（1）粘衬　主要粘衬部位如图 4-63 所示，工业生产运用连续式黏合机进行粘衬，衬料裁剪后要保证略小于面料，以免粘接时污染了黏合机器。粘衬温度可根据衬料和面料的特性设定。粘衬部位有大身衬、前胸衬、肩头衬、领底衬、袋口衬、嵌条衬、底边衬以及袖口衬等。

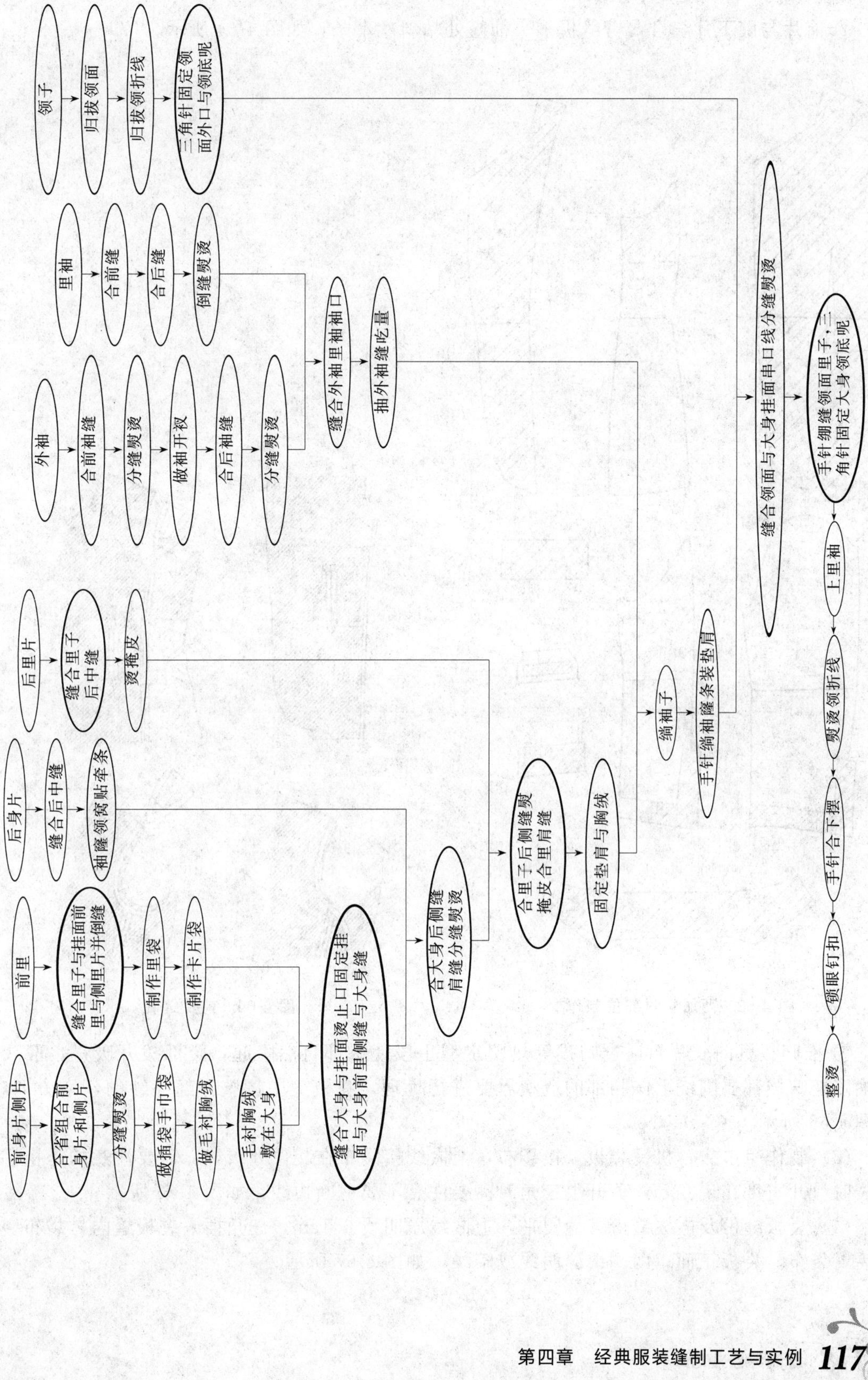

图 4-62　西装缝制工艺流程

领子 → 归拔领面 → 归拔领折线 → 三角针固定领面外口与领底呢

里袖 → 合前缝 → 合后缝 → 倒缝熨烫

外袖 → 合前袖缝 → 分缝熨烫 → 做袖开衩 → 合后袖缝 → 分缝熨烫

缝合外袖里袖袖口 → 袖外袖缝吃量

后里片 → 缝合里子后中缝 → 烫掩皮

后身片 → 缝合后中缝 → 袖窿领窝絮贴牵条

前里 → 缝合里子与挂面前里与侧里片并倒烫缝 → 制作里袋 → 制作卡片袋

前身片侧片 → 合省组合前身片和侧片 → 分缝熨烫 → 做插袋手巾袋 → 做毛衬胸绒 → 毛衬胸绒敷在大身 → 缝合大身与挂面烫止口固定挂面与大身前里侧缝与大身

合大身后侧缝 肩缝分缝熨烫

合里子后侧缝 掩皮肩缝

合里子后侧缝熨烫

固定垫肩与胸绒

手针绱绗绱隆条装垫肩

绱袖子

缝合领面与大身挂面串口线分缝熨烫

手针绷缝领面里子，三角针固定大身领底呢

上里袖

熨烫领折线

手针合下摆

锁眼钉扣

整烫

（2）缝制前片

① 在主要衣片的缝份、袋位、省道等处打线钉标示位置，接着就要缉缝腰省，剪开省份，熨烫平服，省尖要烫平压倒。

② 前片与腋下片缝合，劈缝提平。袖窿处粘斜丝牵条，如图4-64所示。

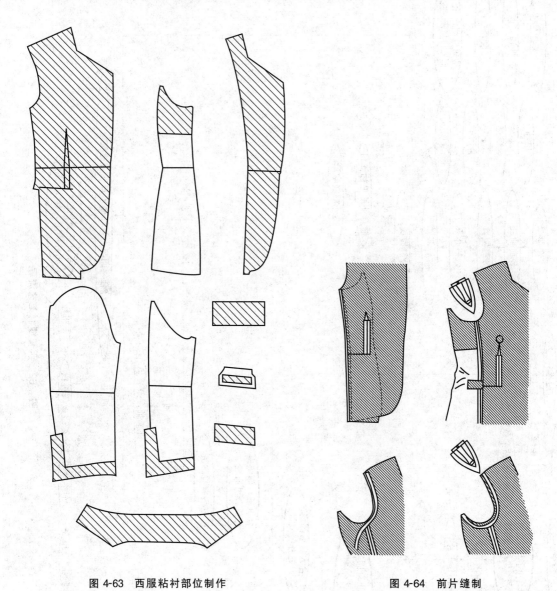

图4-63　西服粘衬部位制作　　　　　　　图4-64　前片缝制

③ 推归拔烫前衣片。通过归拔等热塑定型手段使胸部自然隆起，腰部拨开吸进，驳头和袖窿处归拔都要围绕上体胸部的造型需要进行处理，在熨烫中调整好经纬纱的丝绺方向，如图4-65所示。

（3）制作手巾袋，机烫袋板，接袋布，上嵌线接袋布在袋位处缉缝。需要注意的是挖手巾袋时剪开宽度在1.5cm，剪开上三角时需要注意不要剪断边线，如图4-66所示。

（4）袋板缝份及嵌线缝份劈缝熨平，上嵌线压明线0.1cm，三角插入袋板缝内，袋布熨平后封袋布，袋板正面；两侧缉缝明线或暗缲，如图4-67所示。

（5）大口袋制作，缉缝大袋盖，在车缝时袋盖要求里子紧些，面稍松，熨烫嵌线，如图 4-68 所示。

（6）在袋位反面位置先固定敷好大袋布，衣片正面画好大袋嵌线位置，如图 4-69 所示。

（7）在衣片正面袋位处缉缝嵌线片，可采用两种方法，一种是折烫好的嵌线在袋口处分上下片缉缝，嵌线牙子宽 0.3～0.5cm，如图 4-70 所示。

另一种方法是嵌线片，直接在袋口处分上下片平缉线，嵌线牙子宽 0.3～0.5cm。如图 4-71 所示。

在袋位处剪开并打三角口折进嵌线片，固定好嵌线袋牙子熨烫平整，如图 4-72 所示。

（8）固定袋布，将制作好的袋盖插入袋口位置。垫袋布与袋布缝好后与上嵌线、袋盖共同缉缝在一起，如图 4-73 所示。

（9）缉缝固定三角，缝合袋布后要接着熨烫平整，如图 4-74 所示。

采用折烫好的嵌线制作口袋的方法与前一种略有不同，如图 4-75 所示。

（10）胸衬制作　如图 4-76 所示。

① 将胸部毛衬上的胸省与胸绒剔掉，缉合省道，将肩部加强衬缉压在胸部毛衬上。

② 剪开肩省，劈开缉缝后，将胸绒粘接在胸部毛衬上，用熨斗归烫好胸凸量，并将肩省转至袖窿处。

（11）敷衬　如图 4-77 所示。

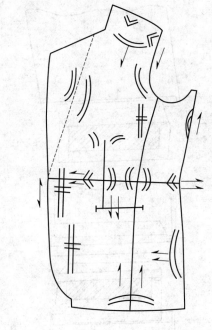

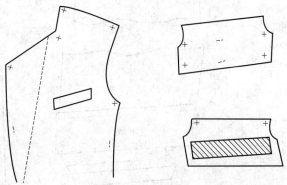

图 4-65　前片缝制

① 将制作好的胸衬与前衣片胸部反面对齐，距驳口线 1cm 左右。衣片胸部凸势与胸衬凸势应完全贴合一致，然后在前衣片正面用手针攥缝敷衬。攥缝时注意衣片与胸衬要尽量吻合，针距一致平顺。

② 在胸衬与驳口处粘一直丝牵条 1/2 粘压在胸衬上，粘牵条时中间部位一定要在拉紧的同时粘接，粘接后在牵条上用三角针固定。沿前领口、止口、底摆处同时贴牵条。

（12）制作前衣片里子及口袋　如图 4-78 所示。

① 缉缝前片里子腰省，缉缝前片里子与挂面，缝到下端要预留 7cm 左右，不要缝到底。缝腋下片，做倒缝熨平。

② 制作里袋，包括大横开袋、笔袋、烟袋。在口袋开口位置各粘一片无纺粘合衬，然

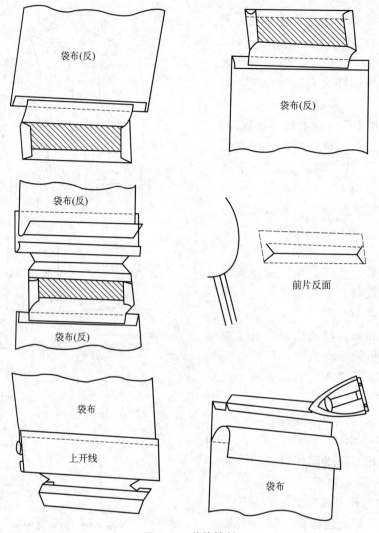

图 4-66　前片缝制

后敷上口袋布。

③ 采用双嵌线方法制作这三个口袋，上部右横开袋要制作一个三角形袋盖。

(13) 挂面敷缝　如图 4-79 所示。

① 将缝制好的前衣片与前身里衣片正面对合整齐，前身里子、领口、驳领止口处吐出预留的翻折松量 0.5cm。

② 将驳领自然翻折，止口对齐，用手针沿驳嘴至驳领止口直到下摆弧线挂面处缝合好，再用机缝顺缝迹线绱缝一遍。

③ 将衣片放平在驳嘴处打一剪口，用熨斗顺此开始，沿前身面缝份分缝折扣熨至下摆。

④ 用剪刀从驳嘴开始顺止口处剔掉缝份 0.7cm，熨烫平整。

⑤ 翻挂面经整烫后，在驳领止口处用手针撩缝暂固定止口，使之不要倒吐。

⑥ 折倒驳口线，手针撬缝驳口线，使之固定；在止口底摆处从正面用手针撬缝固定。

(14) 缝里子、装垫肩　如图 4-80 所示。

① 将前衣片里子掀起，用手针撬缝固定里子与面，包括挂面的缝份及里袋、胸衬等部

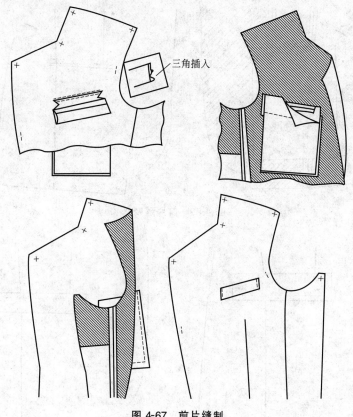

图 4-67 前片缝制

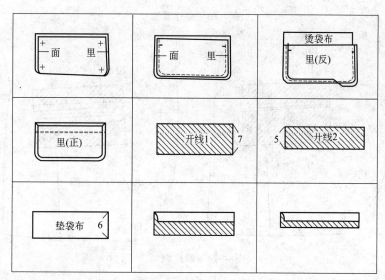

图 4-68 前片缝制

位，使之固定在合适的位置。

② 将垫肩中线放置肩缝处，用手针将垫肩的一半与胸衬肩头部分缝合固定。垫肩也可最后装配。

（15）缝制后片　如图 4-81 所示。

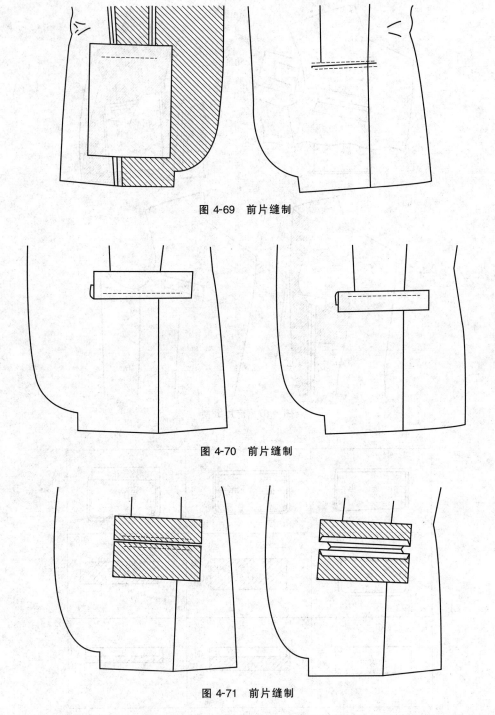

图 4-69　前片缝制

图 4-70　前片缝制

图 4-71　前片缝制

　　① 合面背缝及归拔。缉缝后背中缝，采用蒸汽熨斗归烫后背上部外弧量，拔出腰节部位的内弧量，袖窿稍归拢，侧缝胯部稍归拢，腰部拔开，使之塑出人体后背立体形状。后背缝劈开烫平，在袖窿及领口处粘斜丝牵条。

　　② 合里背缝。将两里子背中线对齐，按 1cm 缝份缉缝，注意缝时上下片松紧一致，缉平服，倒缝，用熨斗烫出后背缝掩皮松量。

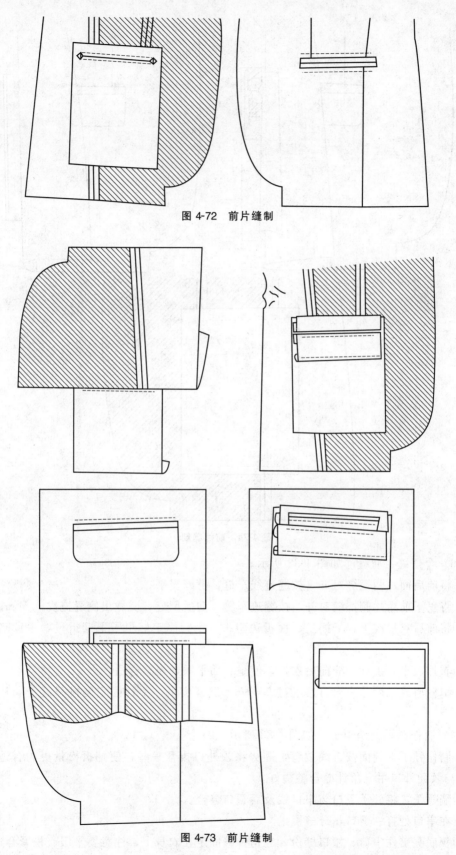

图 4-72　前片缝制

图 4-73　前片缝制

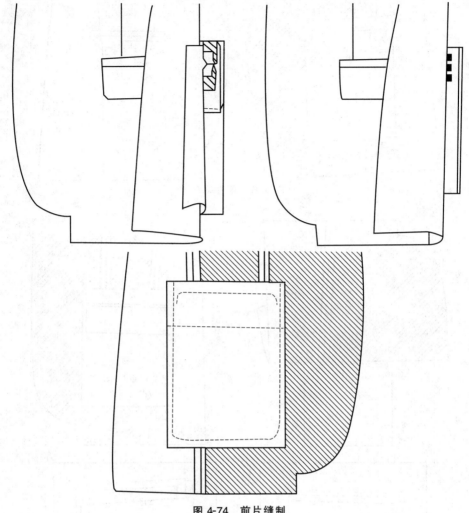

图 4-74　前片缝制

（16）合摆缝、肩缝　如图 4-82 所示。

① 将前后面片侧摆缝对齐，按缝迹线车缝，劈缝熨平。

② 将里子前后片侧摆缝对齐，按缝迹车缝，向后倒缝，熨烫出侧缝掩皮 0.5cm。

③ 将前后衣片放平，下摆里、面折边熨平，手针固定好里子下摆折量，手针暗缲里子摆边。

④ 衣片放平，手针撩缝前后衣片，使里、面平顺，松紧合适。

⑤ 缉缝肩缝，后片小肩自然吃进 0.7cm，劈开熨平，手针固定胸衬肩缝于衣片肩缝上熨平。

（17）制作领子、绱领子　如图 4-83 所示。

① 制作领子，领面按折线烫弯，顺势将领外口拔开一些，使翻折松量更为合适。领底呢上口与领面外口用三角针缝合整烫好。

② 绱领子，将领子下口与串口线及后领口缝合。

③ 在串口处打一剪口，分缝熨平。

④ 领底呢盖住串口、领口缝份，三角针缝固定在衣身上，注意要平服、松紧合适。

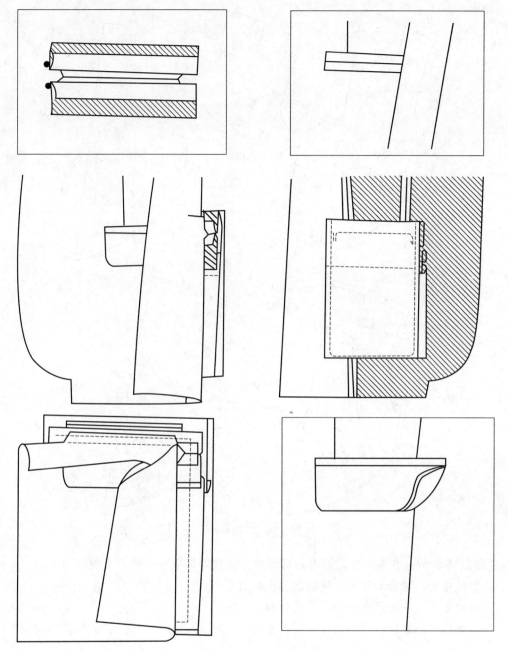

图 4-75　前片缝制

⑤ 熨烫定型，将驳领与领子按驳口线、领折线自然翻折于衣身上后用熨斗整烫，使之自然服帖于前身与肩部，注意驳头下部不要熨死，要有自然弯折曲度。

（18）制作袖子、绱袖子　如图 4-84 所示。

① 首先用熨斗将大袖片前袖缝内弧线充分拔开，使大袖前袖缝翻折后自然产生弯曲度。然后将大小袖片的前袖缝对齐，按缝迹线缉缝，然后在劈缝熨平。

② 缉缝后袖缝及袖开衩、袖缝劈开，袖开衩倒向大袖，袖口折边翻折后熨烫平服。

③ 用手拱针收袖山弧线吃量或用斜丝布条收拢，拱针针码要小、紧密、均匀，并在袖

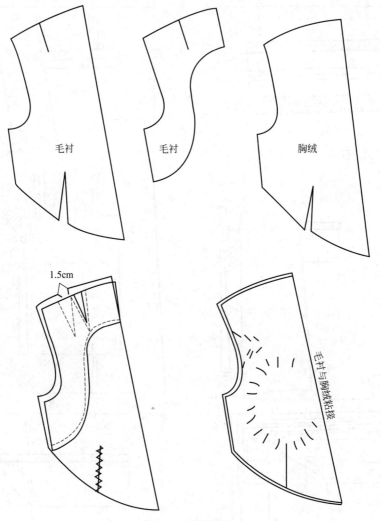

图 4-76 胸衬制作

山缝迹线以外 0.3cm 左右，然后在专用圆形烫凳上用蒸汽熨斗将袖山头熨圆顺定型。

④ 做袖里子，缝合袖里子，缝份倒向大袖熨平。

⑤ 将袖里子与袖面套合在一起，缝合袖口一圈。

⑥ 将袖折边翻折好，用三角针固定。袖里与袖面两侧缝手针攥好，上、下各预留 1cm 不缝。

⑦ 将袖里子的袖山弧线按 1cm 缝份翻折，打剪口，使之均匀并用熨斗烫好。

绱袖子如图 4-85 所示。

① 袖窿用倒勾针固定好，先绱左袖，从袖下对位点开始依次先用手针绷缝，调整好袖子位置后机缝，要以直取圆的操作方法缝合袖山头部分，袖窿后弯处要随身自然弯势缝合。

② 将手针绷缝线拆掉，在绱袖缝上用熨斗尖将缝份从里面熨平压死。如果是劈缝的袖型，要在袖山前、后端打剪口进行劈烫，然后将袖窿斜垫牵条缝合在袖山缝处。将衣身翻转到里面，在袖窿处将袖窿里、面、衬、垫肩四合一倒勾针攥缝，使之自然吻合服帖。

③ 袖子里与袖窿手针暗缲，缝合自然平服。

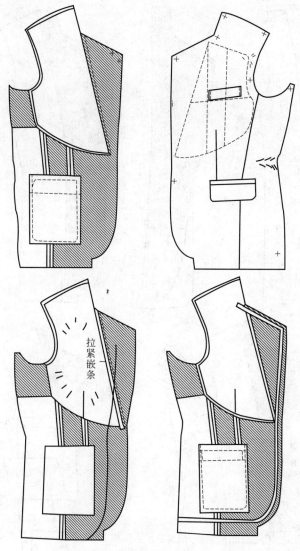

图 4-77　敷衬

（19）锁眼　西装的眼部在门襟格，眼位按照线钉确定。眼进出按照叠门线朝止口方向移出 0.3cm。锁眼大一般 2.3cm。插花眼。插花眼是西服驳头的装饰眼。插花眼一般应在驳头的左面，离上 3.5cm，进出约 1.5cm，眼大约 1.8cm。插花眼工艺一般可有三种方法，如图 4-86 所示。

① 锁眼机锁眼　这种方法是钮眼不用剪开，纯装饰作用。更多的是用于机械设备缝纫成型。

② 打线袢方法。

③ 用手工锁眼方法　纽眼上部按锁眼方法。锁牢驳头；下半部腾空锁纽，不带牢驳头。

（20）整烫　业内通常有"三分做工，七分烫工"之说。整烫工艺是包括了熨烫技巧、熨烫温度、熨斗压力及区别面料性能等的综合技能，在这里重点介绍整烫西装的手工工艺方法及步骤（工业生产有专门的熨烫设备）整烫西装之前先把西装上的攥纱线及其他辅助线全部除掉。整烫前准备好干、湿两块熨布及布馒头、铁凳、熨板、熨斗等工具。

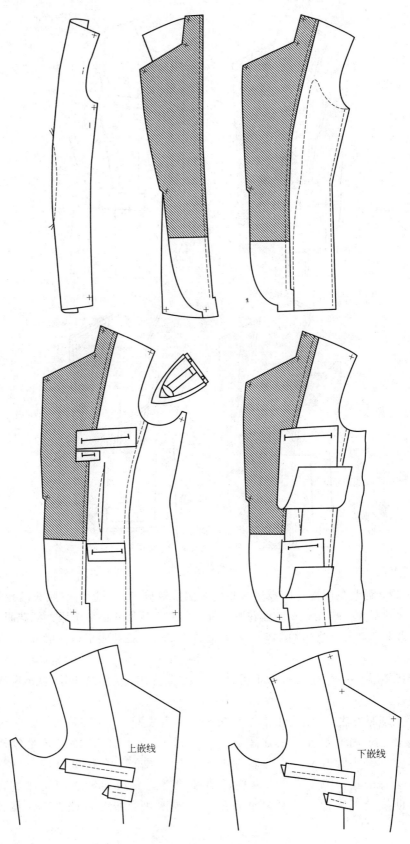

上嵌线

下嵌线

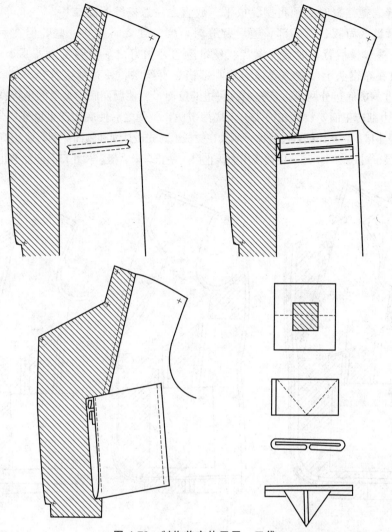

图 4-78　制作前衣片里子、口袋

①　轧袖窿。将西装翻转反面，把袖底及无垫肩部位放在铁凳之上，盖湿布熨烫。注意有垫瞄部位不能轧烫。

②　烫袖子。在装袖之前已把袖子烫好，故在整熨时只要检查一下袖子是否有不平服之处，可放在布馒头上盖布，喷水熨烫。

③　烫肩缝肩头。袖山头及肩甲部位　将肩胛部位敲在布馒头上，将干、湿两块水布放在上面熨烫，随后把湿布拿掉，再在干布上熨烫，把潮气熨干。烫袖山头处，一定要将袖山轧圆、烫平，使袖山头饱满、圆顺。

④　烫胸部、前肩。烫胸部和前肩时要放在布馒头之上局部仔细熨烫，要注意大身丝绺的顺直，胸部饱满，使胸部无瘪现象，使肩头平挺窝服，完全符合人体造型。要注意手巾袋条格与衣身相对称。

⑤　烫腰及袋口位。烫腰时把前身放在布馒头上，腰丝绺放平、推弹，按西装推门的要求将腰烫平、烫挺。注意腰处一定不能起吊，直丝一定要向止口方向推弹。烫袋口部位时，要注意袋盖条格与衣身相对称，注意袋口位的胖势。要放在布馒头上，同烫胸部一样局部熨烫。制作时两袋角丝绺很容易凹进，所谓"熨烫时要把袋角丝绺向外拉出一些"。

⑥ 烫摆缝。烫摆缝时必须将摆缝放平、放直。注意摆缝不能拉坏。

⑦ 烫后背缝、背衩、背胛部。烫后背缝时，腰节处要略拨开一些，但在后背宽处侧面要略微归拢一些。烫后背衩时要注意背衩丝缕顺直，烫好之后背衩自然平服。烫背胛部时，应把背胛部放在布馒头上整烫。要注意背胛部横、直丝缕，使背部更符合人体。

⑧ 烫底边。烫底边分两步。首先，烫底边的反面，要使反面底边夹里的坐势宽窄保持一致，然后，再将底边翻转正面，放在布馒头上，局部熨烫，熨烫之后使底边产生里外均匀的效果。

⑨ 烫前身止口。将止口朝自己身体一侧放在烫板上。先烫挂面和领面一侧。烫止口时熨斗要用力向下压。干、湿布熨好之后，还要用烫板用力压止口，使止口薄、挺，烫止口时应注意止口不能倒露。

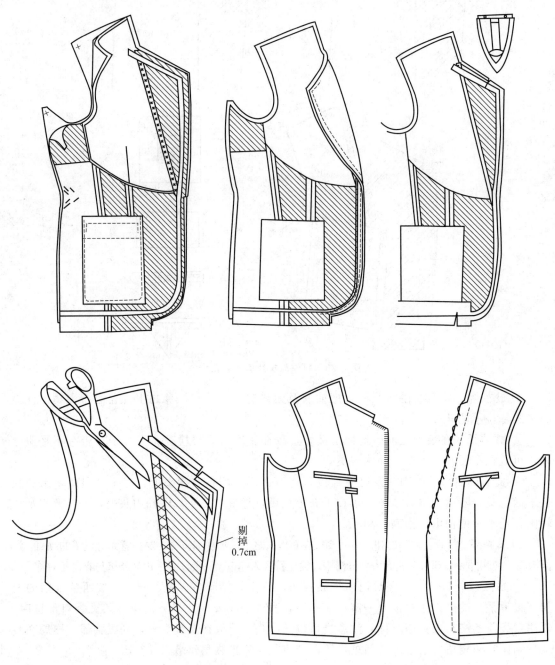

剔掉
0.7cm

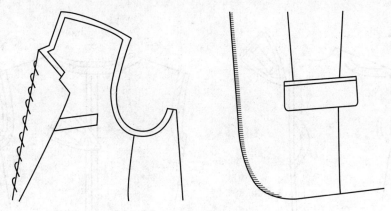

图 4-79 挂面敷缝示意图

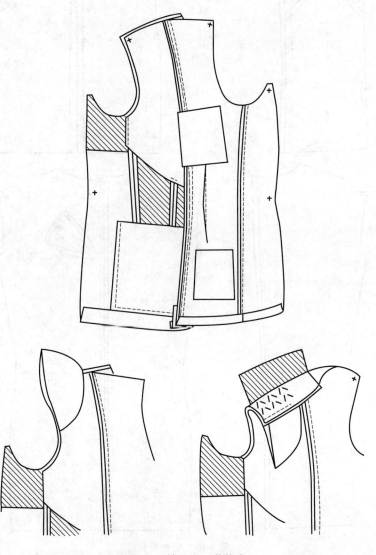

图 4-80 缝里子、装垫肩

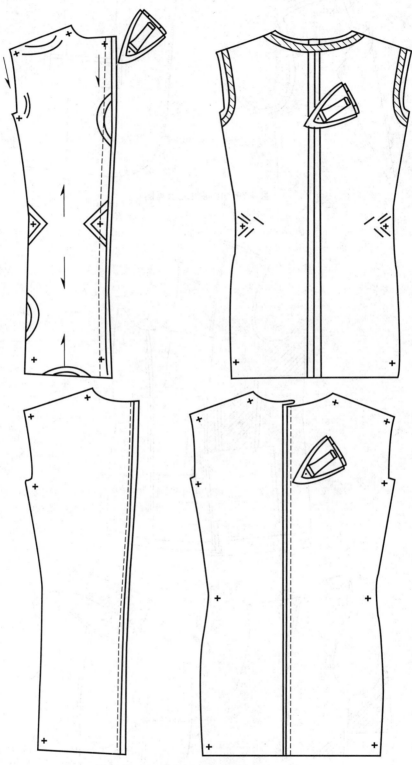

图 4-81　缝制后片

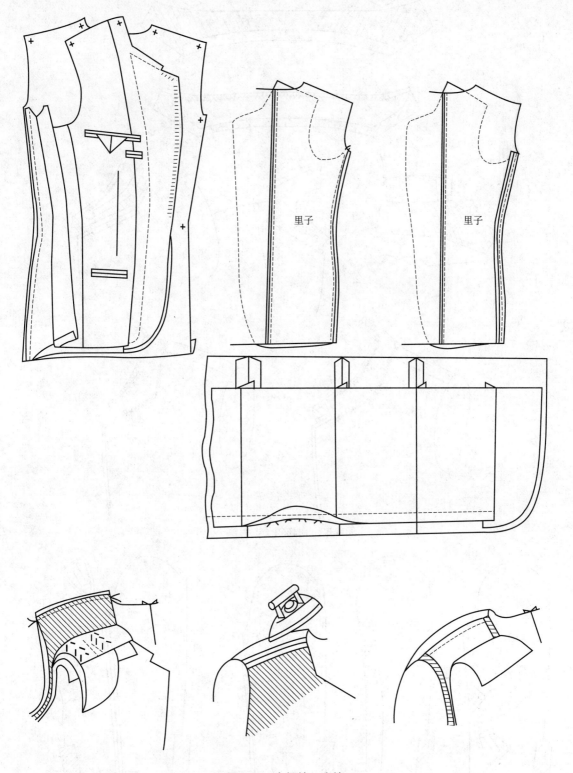

里子

里子

图 4-82 合摆缝、肩缝

然后翻转止口，用同样方法熨烫止口反面。

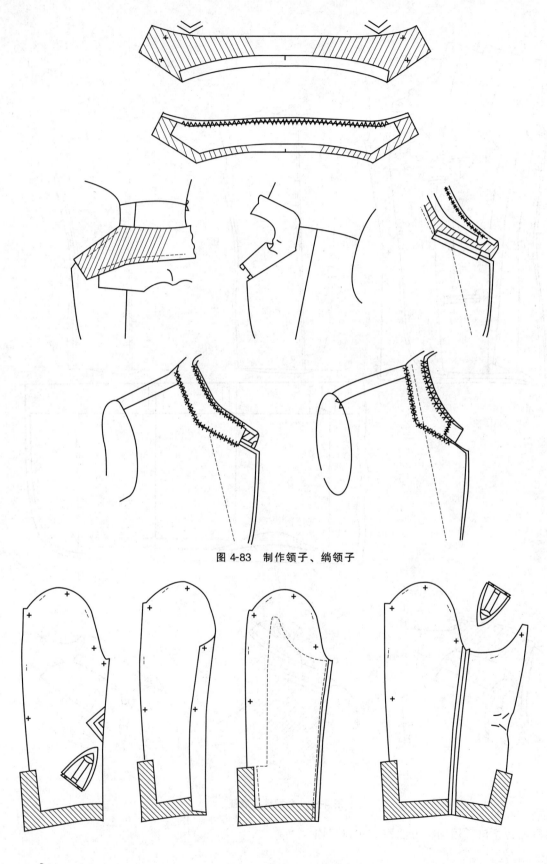

图 4-83　制作领子、绱领子

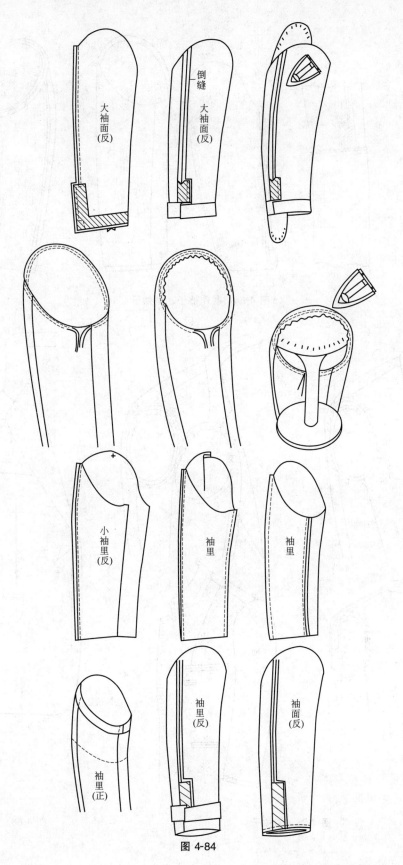

图 4-84

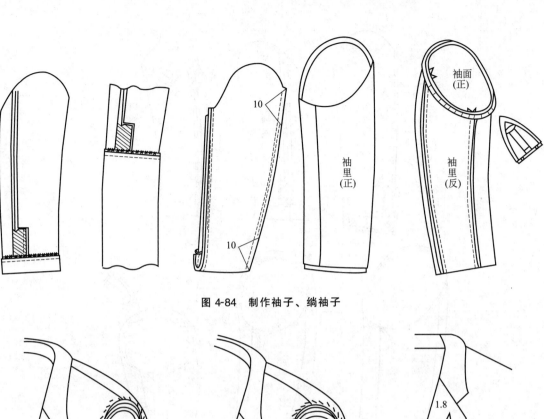

图 4-84 制作袖子、绱袖子

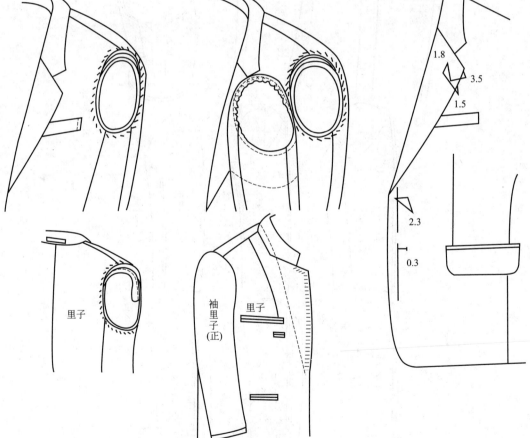

图 4-85 绱袖子

图 4-86 锁眼

⑩ 烫驳头、领头。将驳头放在布馒头上，按驳头样板或驳头线线钉，翻转烫煞。在烫领子驳头线时，要注意领驳头线的转弯，要将领驳头线归拢，防止拉坏而影响领子最终造型。驳头线正反两面都要烫煞、烫平。驳口线烫至驳头长的 2/3、留出 1/3 不要烫煞，以增加驳头的立体感。

⑪ 烫里。西装面子烫好之后，翻转反面，将前、后身夹里起皱的部位，用熨斗轻轻烫平。

⑫ 钉扣。西装钉扣时常常用有线脚的形式，线脚长短可根据面料的厚薄做调整。纽扣的高低、进出位置要与扣眼相符。

第五节　礼服缝制工艺

礼服是指在某些重大场合参与者所穿着的庄重而且正式的服装。根据历史文化的不同，礼服可以分为西式礼服和中式礼服；根据场合的不同，礼服可以分为婚纱和晚礼服等。

旗袍是中国女性主要的民族服装之一，被广泛应用于社交礼仪等重要场合，而在国际上又被称之为中国的国服，其已成为中国女性最主要的礼服之一。其主要结构特征是立领、右大襟、紧腰身、下摆开衩等。旗袍习惯上可以分为"旧式旗袍"和"新式旗袍"两种。"旧式旗袍"主要依靠精湛的传统手工制作，运用各种刺绣、镶、滚等手工艺，大多采用平直的线条，衣身宽松，两边开衩，胸腰围度与衣裙的尺寸比例较为接近。新式旗袍则是用缝纫机大规模生产代替了传统手工制作，多采用立体造型，衣片上出现了省道，腰部更为合体并配上了西式装袖，旗袍的衣长、袖长大大缩短，腰身也越为合体。以下以旗袍为例，来讲解礼服的缝制工艺。

图 4-87　旗袍款式

一、旗袍款式

旗袍款式如图 4-87 所示。

旗袍款式的变化主要是袖形、襟形的变化。袖形的款式主要有宽袖形、窄袖形、长袖、中袖、短袖或无袖；襟形款式有圆襟、方襟、直襟等。

（1）圆襟　襟处线条圆顺流畅，制作工艺是先裁 1～1.2cm 宽的牵条，然后将牵条粘贴于襟边处。当粘贴到弯处时，将牵条拉紧缩容1cm熨平服，襟形就固定不会走形，如图 4-88 所示。

（2）方襟　将襟部进行了大量改革，适合不同脸型穿着。制作工艺为先将牵条粘贴于襟头处，如图 4-89 所示。

（3）直襟　直襟旗袍最适合身材丰满、圆脸型的女性，可使身材显得修长。直襟工艺为襟边粘贴牵条，贴到襟边的 1/3 处，拉紧牵条缩容襟边为 1cm，如图 4-90 所示。

其他常见襟形如图 4-91 所示。

其他常见领型如图 4-92 所示。

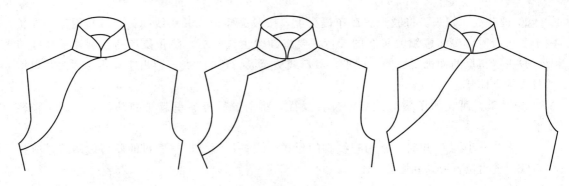

图 4-88　旗袍圆襟款式　　　　图 4-89　旗袍方襟款式　　　　图 4-90　旗袍直襟款式

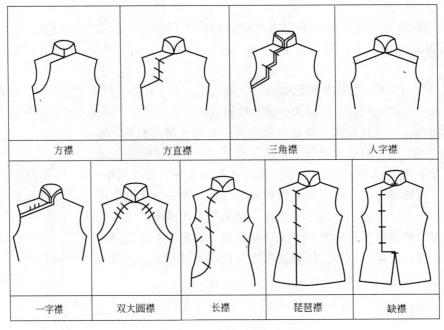

方襟	方直襟	三角襟	人字襟

一字襟	双大圆襟	长襟	琵琶襟	缺襟

图 4-91　常见襟形

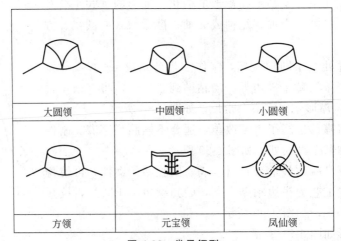

大圆领	中圆领	小圆领
方领	元宝领	凤仙领

图 4-92　常见领型

二、旗袍缝制

旗袍款式如图4-93所示。

三、缝制要领

（1）裁配零件　领里、领面，依据净领围，四周加放1cm缝份，领里、领面均是直纱。根据做领和绱领的方法进行裁剪。

① 滚布边　根据滚边的宽度0.6cm裁出2.4cm宽、45cm长正斜纱滚边，用量尽可能多准备一些，以免出现不够的情况。

② 纽袢条　根据盘花扣的数量多少，花形的繁简裁好纽袢条。纽袢条宽1.5cm。

（2）锁边　将旗袍小肩线、侧缝线、底襟止口线、袖底缝等用同类色线锁边。

（3）打线钉　打线钉的部位有前、后片省位及臀围线、腰节线、开襟止点、腋下省、绱领点、后领中缝、袖山顶点、袖肘省等。注意打线钉时，上下两层衣料要完全吻合，如图4-94所示。

（4）做省道并扣烫　按照打好的线钉车缝省，车缝省尖要必须保持省尖坚挺，不打回针，留0.5cm的线头。

省缝熨烫有两种方法：一是省道向中心线方向扣倒熨烫；二是将省道分开向两边熨烫。腰省中间拔开，使省缝平伏，不起吊。不能喷水的面料进行干熨。

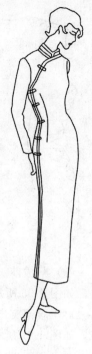

图4-93　旗袍款式

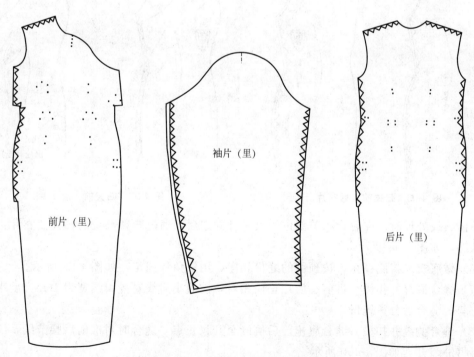

前片（里）

袖片（里）

后片（里）

图4-94　长袖旗袍面料打线钉部位

前片腋下省向上熨倒或分熨，如图4-95所示。

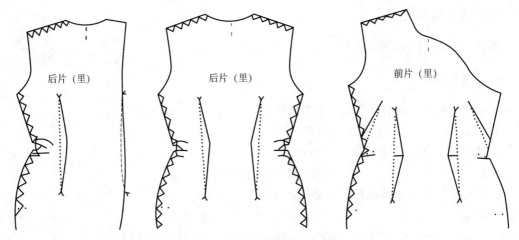

图 4-95　长袖旗袍缉省道并扣烫

（5）归拔前、后衣片　拔开侧缝及中心线的腰部区域，并配合体型的要求拔出背部曲线，如图 4-96 所示。

对于腹部突出的体型，需在腹部区域拔出一定的弧度，注意操作时需要在胸部垫一块垫布，如图 4-97 所示。

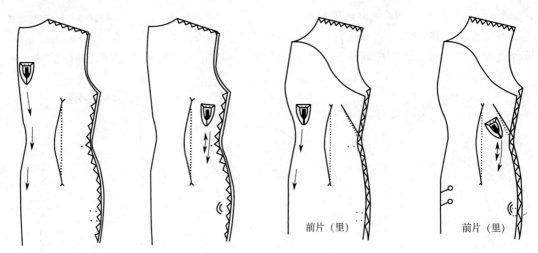

图 4-96　归拔前、后衣片　　　　　　图 4-97　归拔前、后衣片

整体归拔处理时，在后背相关部位用大头针固定后，通过腰臀部位的归拔使衣片达到立体的状态，如图 4-98 所示。

（6）做底襟　将底襟止口按预留的缝份扣净，用三角针固定，如图 4-99 所示。

（7）缝合肩缝并扣烫　将前、后片正面相对，前后小肩线对齐缉线宽为 1cm，后小肩线略有吃势。缝合后分烫缝份。

（8）缝合侧缝并扣烫　缝合旗袍前后侧缝至开衩止点，缝合时对准前后腰节线，缝合后将侧缝劈缝熨开，如图 4-100 所示。

（9）滚边　从左侧缝开衩，开始缝合滚边布，缉缝时滚边布在上面，凸势部位滚边布略松些，大襟弧线部位滚边布略紧些，防止大襟弧线拉长变形，如图 4-101 所示。

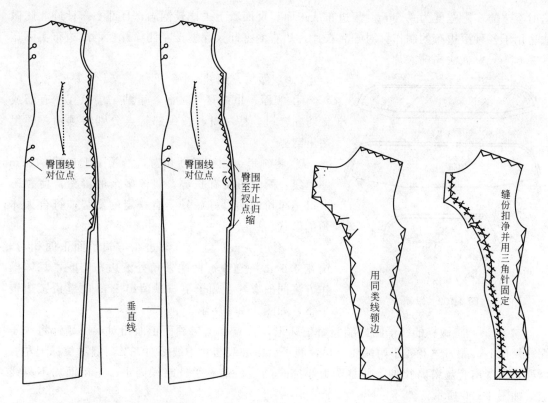

图 4-98　长袖旗袍归拔

图 4-99　做底襟

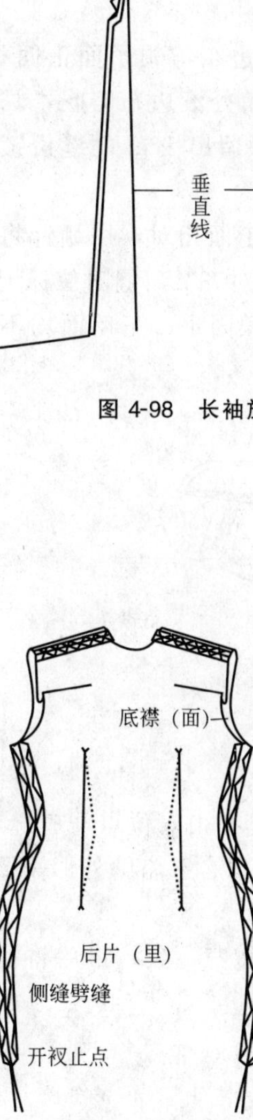

图 4-100　缝合侧缝并扣烫

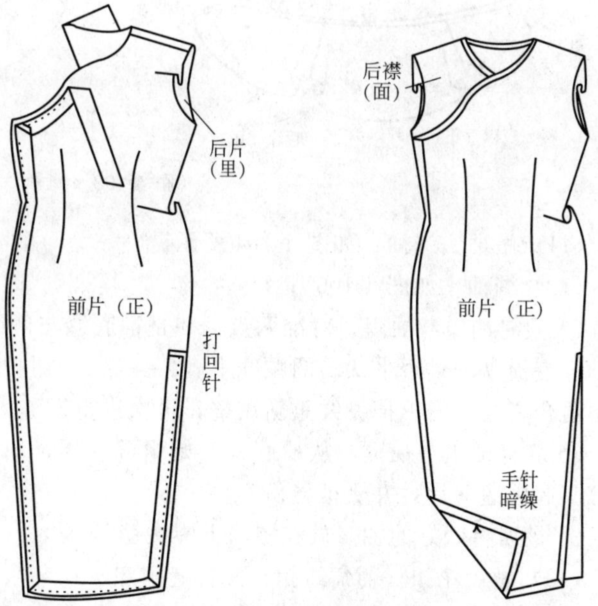

图 4-101　滚边

① 将缝好的滚边布翻转、翻足，按照滚边布宽度 0.6cm 折光滚边布的毛边，下摆转角处要方正。注意这时滚边布折痕跟缉缝线距离为 0.1cm，并用手针绷缝固定。

② 用手针暗缲将滚边布缲缝在大身翻转的反面缝头上，正面不露针迹，针距 0.5cm。

这时滚边的实际宽度为 0.6cm。滚边布从正面、反面看上去比较饱满，且都不露针迹。此做法适用于各种滚边布的制作。对于后衣片，从右侧将开衩起缝至左侧缝开衩，滚边布实际宽度为 0.6cm，做法同前衣片。

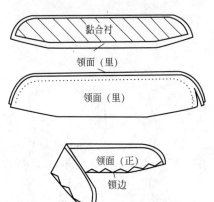

图 4-102　做领

（10）做领、缲领

① 领面、里贴衬　领面、里贴一层净直纱有纺或无纺黏合衬，粘衬时，按颈部特点分别将领面、领里贴出窝势。

② 将领里、领面反面相对，沿领子上口缲 0.5cm 一道线，两领角略有吃势，剪掉多余的缝份，使领子上口是净粉印，缲好后领子有一定的窝势，符合人体颈部形状。

③ 滚边领子上口　将滚边布与领子面正面相对，缲宽 0.5cm 一道线。两端领角处滚边布略吃，具体操作方法同前衣片。领子下口预留出 1cm 的缝份锁边熨平整，如图 4-102 所示。

④ 缲领　将做好的领子画好缲领对位标记，将衣片里与领面正面相对，用绷针将领子绷在领口上，绷时注意领子两端要上足，领子后中心线与背中线要对齐，肩缝对位标记左右对称，领弯出直丝缲略拉伸，使领子大小完全吻合。最后手针暗缲固定，正反面均不露线迹，如图 4-103 所示。

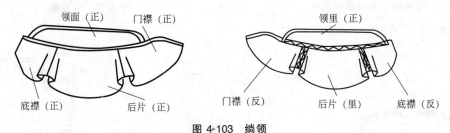

图 4-103　缲领

（11）做袖、缲袖　如图 4-104 所示。

（12）缲袖　如图 4-105 所示。

① 绷缝袖山与袖窿，对准两点：一是袖底缝与侧缝对准；二是袖山对位点与肩缝对准。看袖山与袖窿处是否平伏、圆顺、丰满、自然。袖肘处应略前倾，以合乎胳膊外形需要。如有不适合之处，需拆掉绷线重新调整，再次进行绷缝固定。

② 缝合袖山与袖窿　从袖底缝开始缲缝一周，缲线要圆顺，宽窄一致。最后将袖山与袖窿一起锁边一周，并熨烫缝份。

③ 最后将缲好的袖窿放在熨马上熨烫缝份。

（13）做盘花扣（葡萄纽扣）并钉缝固定

① 纽袢的缝制　纽袢是盘扣的基本组成部分，按 45°正斜纱方向裁出宽 1.5cm、长度不限的斜布条。注意纽袢宽度可随面料厚度和盘扣的款式增减。将斜布条的两边毛茬分别卷到内侧，用本色线将两边搭接绕缝在一起，形成圆筒形。注意缝完的纽袢最好用一块滑爽的面料紧包纽条，上下移动使纽袢丝缲顺畅，无伸缩性，如图 4-106 所示。

② 纽袢缝制要点　选用的面料要不脱布丝，不掉颜色，具有一定的弹性与平滑性。纽

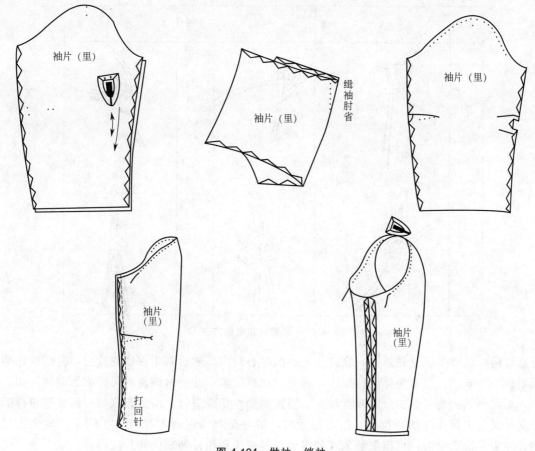

图 4-104 做袖、绱袖

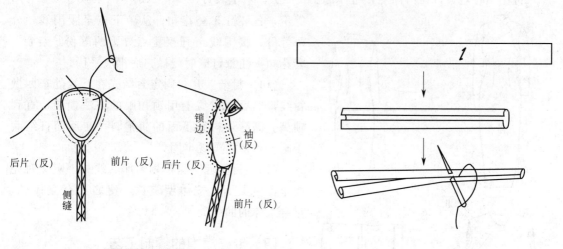

图 4-105 绱袖　　　　　　　　　图 4-106 纽袢的缝制

祥条裁剪要宽窄一致，顺直。纽袢缝制时要粗细均匀，纽袢条和缝线松紧要适度，缝线针脚不宜过大，疏密要均匀。缝好的纽袢要平直不能歪扭。

③ 纽头的盘制方法　葡萄纽扣盘制方法如图 4-107 所示。

打纽头距离纽袢一端 4cm 左右为起点开始盘制绕出两个圆圈。做成花篮状，上面凸起的纽袢称为花篮把，它是纽头向外鼓出的中点。为防止脱落可在花篮把内穿一根细绳拉住，再

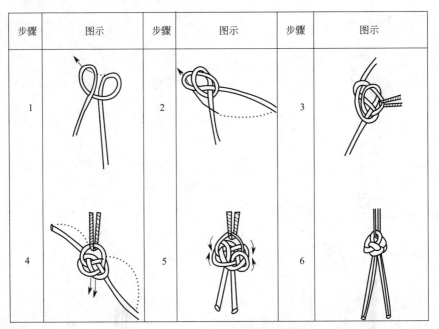

步骤	图示	步骤	图示	步骤	图示
1		2		3	
4		5		6	

图 4-107　葡萄纽扣盘制方法

分别将两端纽袢头绕过花篮把，穿进花篮底的中心洞内，然后右手提住花篮把，左手拉住两端对应一拉即成。顺着纽袢绕行路线，慢慢将扣袢拉紧，并随时调整均匀即成为葡萄纽扣。

要点小结：葡萄纽扣盘制难度较大，需按照操作步骤进行。纽头盘成后，再根据纽袢的走向、来龙去脉加以抽紧拉匀，注意抽紧时，最好是将缲纽袢的线迹压在底下，增强美观性，纽头要饱满坚实。根据服装款式的需要，将纽头和纽袢剪成同样长度即可。

钉花扣时纽头钉在门襟上，纽袢钉在底襟上。对于装钉位置，从前中点至腋下点分为两等份，各装钉 3 套花扣；从腋下点至腰围线，分两等份，腰围线至开衩止点分为两等份，装钉 4 套花扣。注意钉缝时门襟、底襟应平伏。

（14）封结　开衩固定封结先在开衩处来回做衬线，然后在衬线上用锁扣眼的方法锁缝，直到锁满。需缝住衬线下面的旗袍料，在反面打结藏于暗处，使之美观牢固。

（15）后整理　除掉划粉印、线头。熨烫时先烫里，后烫面，按体型熨烫，使之具有立体感，符合人体的曲线美。

四、传统旗袍的缝制工艺

1. 款式及说明

（1）款式　长袖圆偏襟长袖旗袍。

（2）款式特点　该款旗袍为立领、一片袖、圆偏襟、开摆衩，前身收腋下省和胸腰省，后身收腰省，右侧缝装隐形拉链，装全里子，如图 4-108

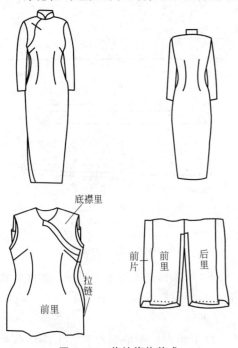

图 4-108　传统旗袍款式

所示。

2.裁片与辅料

（1）面料和里料裁片　面料裁片包括前衣片、后衣片、袖片、底襟、偏襟贴边、领子等，如图 4-109 所示。

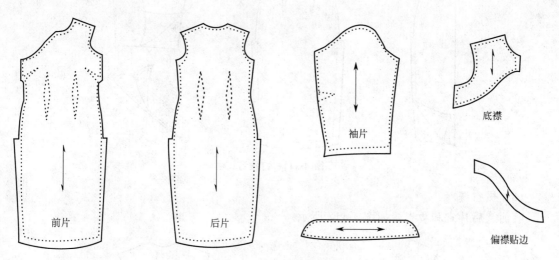

图 4-109　面料和里料裁片

面料裁片有前里、后里、袖里、底襟里等，如图 4-110 所示。

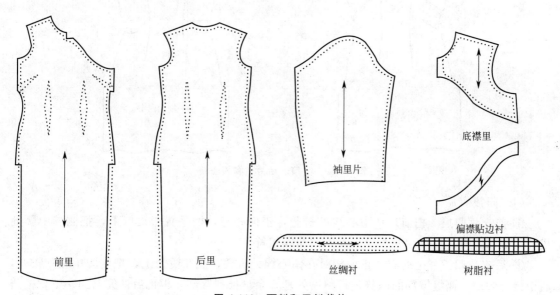

图 4-110　面料和里料裁片

（2）辅料　辅料包括树脂领衬、丝绸领衬、偏襟贴边衬、牵条衬、拉链、盘扣、钩眼扣等。

3.缝制工艺与要求

在缝制之前，必须检查面料、里料及零部件的裁配是否齐全准确。

（1）打线钉　如图 4-111 所示。

（2）收前、后片省

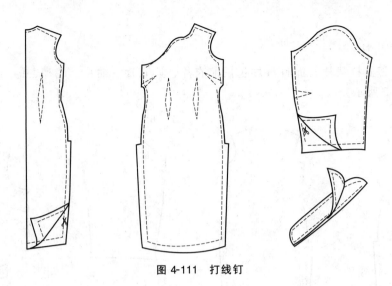

图 4-111 打线钉

（3）烫省缝

收前、后片省和烫省缝如图 4-112 所示。

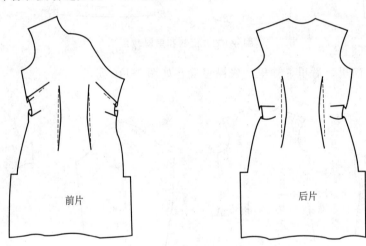

图 4-112 收前、后片省和烫省缝

（4）归拔衣片

① 前衣片归拔 把前片从中心线处折叠，正面相对，摆平置于烫床上，把侧缝中腰处拔开，臀部归直，使衣片的曲线与人体型曲线相符。

② 后衣片归拔 把后衣片正面相对在中心线处折叠，放在烫台上，把侧腰中腰处拔开，后中腰处归缩，侧缝臀部的凸势进行归缩处理，余量推到臀部，再把后袖笼略归一下，把凸势推向背处，推出肩胛凸势，如图 4-113 所示。

（5）粘烫牵条 牵条的作用：牵条起牵制作用，防止拉伸变形。对于一些轻薄面料，牵条还起着减少缝口起皱的作用。服装中凡是容易拉伸变形的部位都应敷上牵条，如袋口、驳口线、领口线、袖窿、门襟止口等处。敷牵条时，一般要略拉紧一点敷上，特别是易拉伸的部位，如图 4-114 所示。

（6）收里省缝 收里省缝制作工艺与面裁片工艺相同。

（7）烫里省缝 里省省缝的烫倒方向与面衣片正好相反，目的是避免省缝重叠在一起造

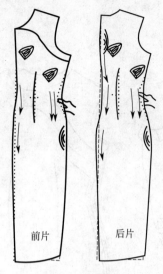

图 4-113　归拔衣片

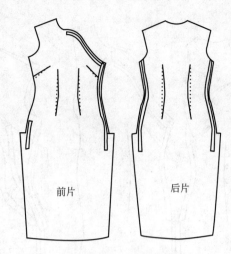

图 4-114　粘烫牵条

成过厚现象出现。

（8）襟贴边粘衬

（9）缝襟贴边与前里　如图 4-115 所示。

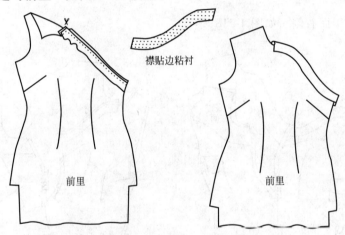

襟贴边粘衬

图 4-115　襟贴边粘衬与缝襟贴边和前里制作

（10）缝合底襟

（11）翻烫底襟　如图 4-116 所示。

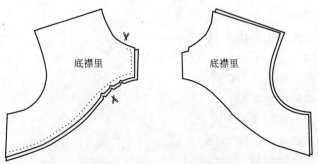

图 4-116　缝合底襟和翻烫底襟

（12）定底襟和绱拉链于里右侧　如图 4-117 所示。

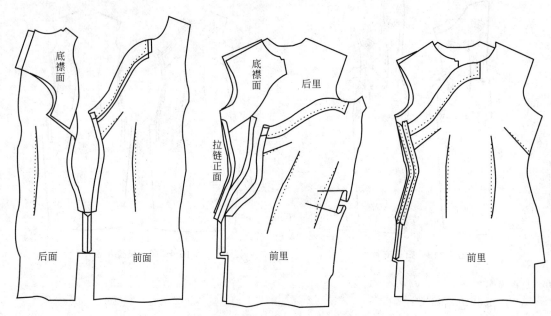

图 4-117　定底襟和绱拉链于里右侧

（13）绱拉链于面右侧　如图 4-118 所示。

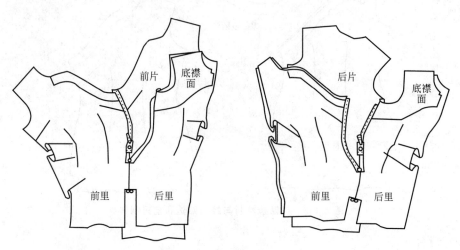

图 4-118　绱拉链于面右侧

（14）合肩缝和侧缝
（15）劈烫肩缝、侧缝　如图 4-119 所示。
（16）合缝圆偏襟
（17）翻烫圆偏襟　如图 4-120 所示。
（18）折烫面摆衩和里摆衩贴边
（19）卷缉里下摆　如图 4-121 所示。
（20）合缉面和里摆衩　如图 4-122 所示。
（21）定面、里肩缝和侧缝

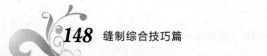

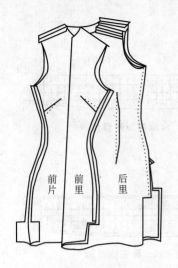

图 4-119　合肩缝和侧缝
与劈烫肩缝、侧缝

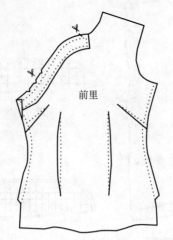

图 4-120　合缝圆偏襟与翻烫圆偏襟

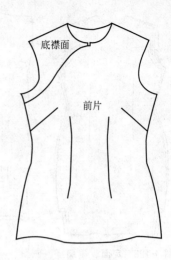

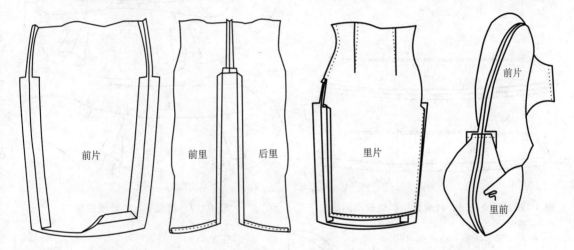

图 4-121　折烫面摆衩、里摆衩贴边和卷绲里下摆　　　图 4-122　合缉面和里摆衩

（22）手针缲摆衩和下摆　如图 4-123 所示。

（23）合缉树脂衬和丝绸衬　如图 4-124 所示。

（24）面领粘衬　如图 4-125 所示。

（25）扣烫底领、合缉面领和底领及翻烫领子　如图 4-126 所示。

（26）缲领子、手针缲领里　如图 4-127 所示。

（27）收袖肘省、归拔面袖片　如图 4-128 所示。

（28）合袖缝　如图 4-129 所示。

（29）劈烫面袖缝、扣烫袖口　如图 4-130 所示。

（30）抽袖山　如图 4-131 所示。

（31）缝合面袖袖口合里子袖口　如图 4-132 所示。

（32）手针缲袖口　如图 4-133 所示。

（33）定面、里袖缝　如图 4-134 所示。

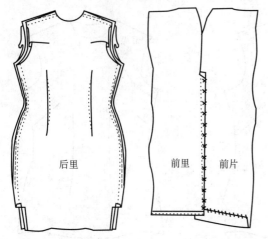

图 4-123　定面、里肩缝、侧缝、手针缲摆衩及下摆

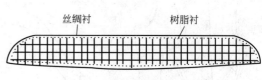

图 4-124　合缉树脂衬和丝绸衬

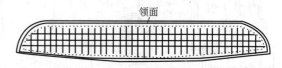

图 4-125　面领粘衬

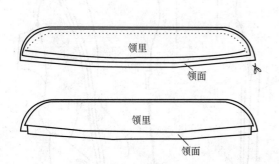

图 4-126　扣烫底领、合缉面领和底领及翻烫领子

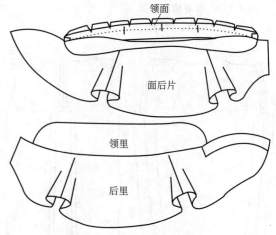

图 4-127　绱领子、手针缲领里

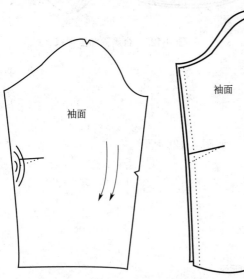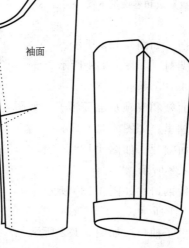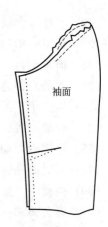

图 4-128　收袖肘省、归拔面袖片　图 4-129　合袖缝　图 4-130　劈烫面袖　图 4-131　抽袖山
缝、扣烫袖口

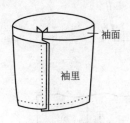

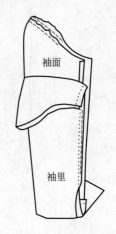

图 4-132　缝合面袖袖　　　　图 4-133　手针缭袖口　　　　图 4-134　定面、里袖缝
　　　　　口合里子袖口

（34）翻烫袖子　如图 4-135 所示。

（35）临时固定袖身　如图 4-136 所示。

（36）绱面袖　如图 4-137 所示。

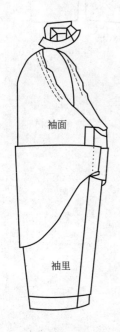

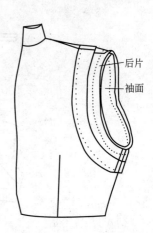

图 4-135　翻烫袖子　　　　　图 4-136　临时固定袖身　　　　图 4-137　绱面袖

（37）缭里子袖窿　如图 4-138 所示。

（38）开衩止点打套结　如图 4-139 所示。

（39）做盘扣、钉盘扣　如图 4-140 所示。

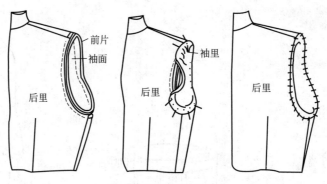

图 4-138　缲里子袖窿

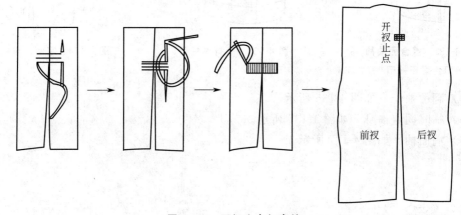

图 4-139　开衩止点打套结

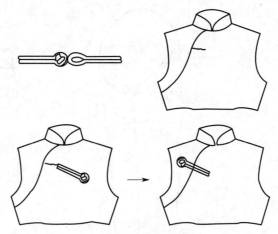

图 4-140　做盘扣、钉盘扣

第五章　时装缝制工艺与实例

第一节　时装上衣缝制工艺

一、分类

上衣从功能上可分为内上衣（穿在裙子里面的上衣）和外上衣（穿在裙子外面的上衣）；从其领子造型可分为开放式领型上衣和关闭式领型上衣；从下摆来分，可分为有宽松量较大的和卡克摆的上衣，同时还可分为开衩和不开衩，平下摆与圆下摆的上衣；从是否上夹里可分为单层上衣、夹层上衣、半衬上衣；从袖子造型上分平袖、大小袖、有折裥的袖子、长袖、短袖、中长袖；从制作工艺上分为精做上衣和简做上衣。以下重点介绍外上衣的缝制工艺。

二、面料

面料包括面子面料、里料和衬。女上衣常用的面子面料（表布）有纯毛、毛涤混纺、丝织物（香缎、天鹅绒）、毛织物（苏格兰呢、法兰绒、高支纱、有伸缩的毛料）、毛麻、仿毛、棉织物（绣花布、灯芯绒、斜纹布、莱卡）、纯化纤等纤维面料。面料图案常采用素色（红、黑、白、灰、蓝等色彩的同类色系列色彩）的面料。

里布（夹里）是帮助表布显出轮廓，又是穿在衬衣或毛衣之外的，所以要滑润，穿起来舒服，并以耐摩擦性、耐洗涤性、轻及不褪色为条件，它的选择是根据面子面料的色彩和质地决定的。常用的中高档里布有电力纺、大绸、缎纹料、美丽绸、仿真丝，中低档里布有尼龙绸、羽纱等。色彩的选择应尽量与面子面料相同或相近，一般多采用素色无花或暗花面料。

上衣的衬布是在表布与里布之间，而以能正确地显出轮廓，以及穿着舒服和保形好为条件，如同建筑之骨架，担当着重要的支撑任务。种类有：毛衬、棉衬、麻衬、化纤衬。化纤衬又可分为有黏合剂的有纺衬、无黏合剂的有纺衬、有黏合剂的无纺衬、无黏合剂的无纺衬。

现将全里女上衣简做缝制工艺介绍如下。

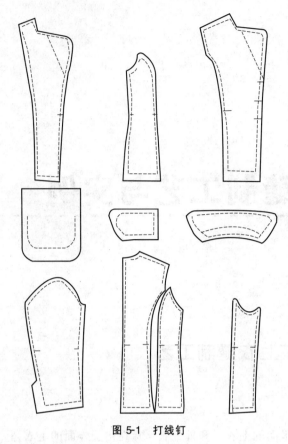

图 5-1　打线钉

三、缝制工艺

（1）打线钉　打线钉可以使用白棉线，用串针针法打线钉，线钉留 0.3cm 长，注意不可把衣片剪破。需要打线的裁片有前片、后片、袖片、挂面、领面、里，如图 5-1 所示。

（2）环缝　高档两用领上衣在缝制过程中不锁边，用环缝处理质地松、易毛出的边，如肩缝、袖窿、摆缝、底边开刀缝等处；若质地紧的材料则可以不环缝。环缝分单环和双环，针距长为 0.6cm，宽为 0.3cm，线松紧适度。环缝如图 5-2 所示。

（3）粘衬　粘衬的部位有大身、袋位、袖口贴边、后袖窿等处。熨烫时，注意温度、时间、压力适度，以免烫黄、起泡或未粘牢。

（4）合缉前片开刀缝、归拔

① 合缉前片开刀缝。对齐符合记号车缝后，分烫开刀缝，如图 5-3 所示。

② 归拔。

（5）做贴袋、装贴袋

① 做贴袋。将贴袋面与里正面相叠，在袋口处车缝后烫平，再在贴袋圆角处分别放眼刀；然后将袋布置入净粉贴袋样板中，将缝头烫平，并修留缝头 1cm；最后将缝头锁边即可。

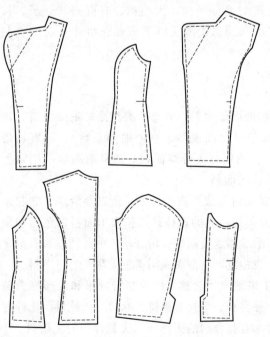

图 5-2　环缝

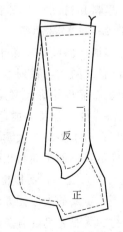
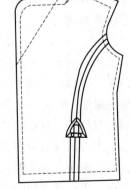

图 5-3　合缉前片开刀缝

② 装贴袋。按线钉确定好袋位后，再装贴袋。先将贴袋底边与袋位底边对齐后缉线，然后再分别缉两边。起针、收针、回针，贴袋上好两角要圆，不能有死褶出现。

（6）覆牵带　敷牵带之前先将衬头、缝头修掉，分别在门襟止口、下底边、翻驳线等处覆牵带，辅助前片成型，且使门襟止口缝头变薄。覆牵带应符合松、紧、平的要求，如图5-4所示。

（7）缝合挂面与夹里　挂面放下，夹里放上缉线，缝头倒向夹里烫平；再在与面子开刀缝相对应的地方即腰节处收一省道，并将省道倒向侧缝，如图5-5所示。

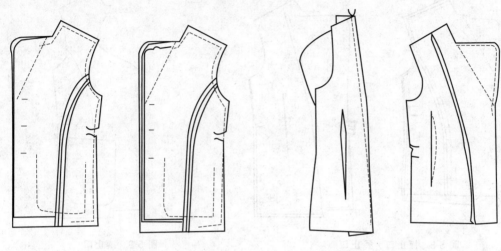

图5-4　覆牵带　　　　　　　　　　　　图5-5　缝合挂面与夹里

（8）缝合门襟止口并翻、修、烫

① 缝合门襟止口。一般可将挂面放下，衣片放上，先用手针擦一道线，再沿牵带净粉线合缉，止口顺直，注意驳头角的层势，如图5-6所示。

② 修、翻、烫止口

a. 修止口。止口缉好后把擦挂面的线抽去，为了使止口成薄形，把大身一片的止口缝头修留0.3cm，如图5-7所示。

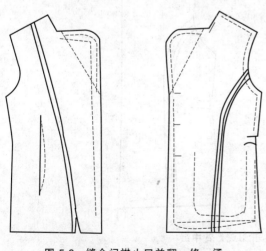
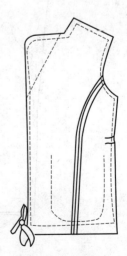

图5-6　缝合门襟止口并翻、修、烫　　　　　　　图5-7　修止口

b. 扳止口、烫止口。驳头处按缉线扳转，大身止口按缉线扳进 0.2cm，止口要扳直扳实。烫止口时要把止口放直，以免烫弯，如图 5-8 所示。

c. 攘止口。烫好后把止口翻出，距止口 1cm 用手针擦止口，从驳头至第一眼位沿大身止口一边擦出 0.1cm 坐势，第一眼位至下底边止口沿挂面一边擦进 0.2cm。将其烫平服，同时把挂面驳头横丝绺捋正。擦好的驳头要里外匀，形成窝势最后将夹里肩缝、袖窿按面子修齐，如图 5-9 所示。

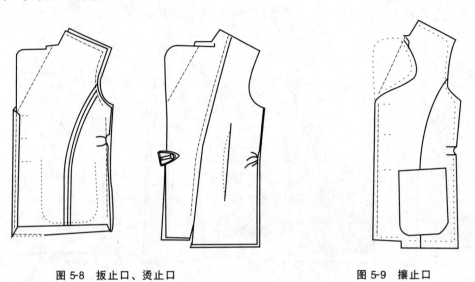

图 5-8　扳止口、烫止口　　　　　　　　　　　　图 5-9　攘止口

（9）做后片（合开刀缝、背中缝）

① 合开刀缝、背中缝（面）　将面子开刀缝按符合记号对齐，缝后烫开，同样将背中缝对齐缝后烫开，注意合缝上下层，吃势要一致，如图 5-10 所示。

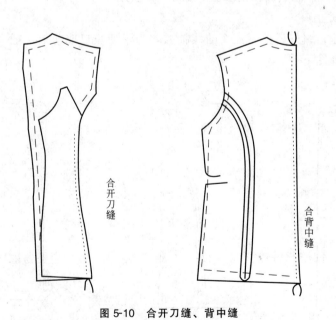

合开刀缝

合背中缝

图 5-10　合开刀缝、背中缝

② 归拔后片　肩缝、背中缝的背高部略归腰节拔开，臀围处归拢。通过归拔使之能符

合肩胛骨和臀部凸出的形体，腰部产生吸势，如图 5-11 所示

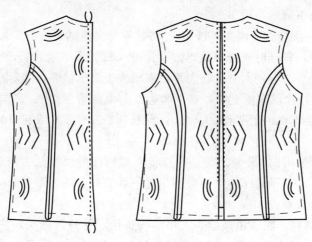

图 5-11　归拔后片

③ 合夹里开刀缝、背中缝。臀围处归拢。通过归拔使之能符合肩胛骨和开刀缝依记号对齐缝合好后，将缝头倒向摆缝一边烫平；背中缝从后领窝中点下 10cm 左右处起，到腰节线下 2cm 止，缉线比面子多出 1cm 左右，即做出余势，以满足面子的活动，缝份按缉线倒向右侧，如图 5-12、图 5-13 所示。

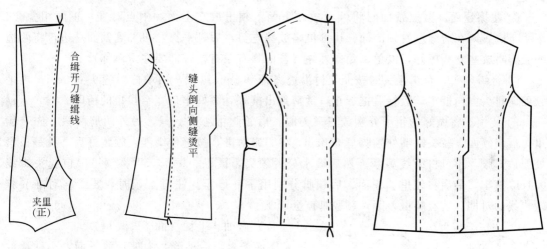

图 5-12　合夹里开刀缝　　　　　　　　　图 5-13　做夹里后背

（10）缝合摆缝、肩缝、下脚边、扦挂

① 缝面子、合摆缝。将前后衣身以摆缝腰节线记号为准，分别上下对起，按线钉缝头缉线，再分烫平缝头。分摆缝时，将前衣片靠身，上下摆归拢烫，中腰拔开烫；再将底边按衣长线线钉扣转烫煞。

② 缝合面子肩缝。将前后肩缝对齐，后片放下，从横开领起缉缝，在 1/3 肩缝线处，略放吃势，外肩 1/3 起至肩外端不能有吃势，再在烫包上分烫平整并略归。

③ 夹里摆缝、肩缝的缝合。夹里摆缝、肩缝的缝合比面子的缝头（0.8cm）少缝 0.2～0.3cm（即夹里的缝头只缝 0.5～0.6cm），使夹里比面子松，以满足面子的穿戴，再将缝头倒向后片烫平。注意夹里前身的摆缝缝头要对齐面子衣身的摆。

④ 车缝面与夹里的下脚边。将面与夹里底边的各个缝头分别对齐，且正面相叠，缉线1cm左右，缝头倒向下脚贴边烫平。

⑤ 扦挂（挂面、摆缝、下脚边等缝头）。将挂面与夹里结合的缝头按3cm一针，扦挂在前衣身上，线要放松，扦挂时衣身表面露微小针迹（只能缭半根纱），再将面子与夹里袖窿肩缝、摆缝、开刀缝各自分别对齐。让夹里袖窿稍大于面子袖窿，然后扦挂摆缝面与里的缝头，袖窿留10cm不扦挂以方便上袖。将下脚边面与里结合的缝头扦挂在衣身面上，针距、针迹的要求均与前面相同。最后穿在人台上，看衣身是否有起吊或起皱的现象。若有折需撤了重新扦挂。

（11）做领、装领　开始做领之前，需查看衣身领框的尺寸是否与领子的尺寸相吻合，如有出入还需调整。若领子短了，制领时则少缝一点缝头，反之则多缝一点缝头。如果误差太大，则需重新配领或修改领框。

① 拼领里、扎领衬。将领里按缝头大小缉线拼接，并分烫缝头，按领脚宽度的标记朝衬头一边来回缉线4～5条，再翻入正面缉三角线形。缉时领里面子要有窝势，使领头窝势平挺，缉线不起链形。

② 归拔领面、领里。将缉好衬头的领里用水喷湿，在颈侧点处，领里下口拔开，上口归拢（因人体颈根部粗，上面细的生理特征），注意领的里外均匀，左右对称，再将领面按领里弯度归拔，归拔之前按照样板领口弯度和串口长度加以核对，准确画上粉印的串口长度。

③ 覆擦领面。覆擦领面时将领面放在下面，领里放在上面，中点对准，正面相叠合，用手工擦线，在肩缝左右领侧面归拢部位略放些吃势，后领平擦，再翻到领面一边，将两边的领脚略放些吃势擦好，以免领角向外翘（若面料有条有格，需要注意对称）。

④ 合缉领头。合缉领头时按照领衬沿边离开0.1cm缉线，两端修留缝头0.3cm，再把领面向衬头方向扳牢，扳好后把领止口烫薄翻出攘好，画好串口宽窄长短的粉印。

⑤ 装领。将做好的领子分别放三只刀眼，后领脚中心点一只，另外两肩两只，先装领里，后装领面，驳头缺嘴处领脚缝0.8cm，各刀眼对准，按缝份缉线。领装好后，凡是扳紧处要放刀眼，不可将缉线剪断。然后喷水分烫领夹，烫平、烫干，再将领里串口缝头缉线0.1cm攘牢，最后将领里、领面、后领脚分别用手针擦牢。注意上领时，要严格对准驳脚缺口线的对档，若有略微差距，领驳脚就会起皱。

（12）做袖、上袖（面子、夹里）

① 面子合缉后袖缝。大袖片放下面，小袖片放上面缉缝并分烫开缝头。在袖衩处放一刀眼；分开缝头烫煞、烫平，翻转正面盖湿部，喷水烫平。袖衩反面先向大袖片方向坐倒。正面盖湿布烫煞、烫平。再沿袖贴边衬将袖贴边折转烫煞，如图5-14所示。

② 面子合缉前袖缝。小袖片放下面，大袖片放上面，按缝头宽窄缉线，再用熨斗分烫缝头，如图5-15所示。

③ 做袖夹里。袖夹里合缉前后袖缝后，将前后袖缝坐倒，翻到大袖片一面熨烫平整。将面里两层

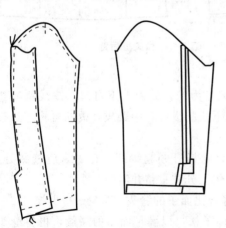

图 5-14　面子合缉后袖缝

正面相叠，翻倒反面缉线 1cm，夹里袖口坐势 1cm 攘好，扦挂袖贴边，扦挂前、后袖缝，袖山处留 10cm 不扦挂，以便上袖。再把袖子翻到正面，把前后缝喷水烫平。袖口处 10cm 左右盖水布烫平。袖肥处扦长针一周，如图 5-16 所示。

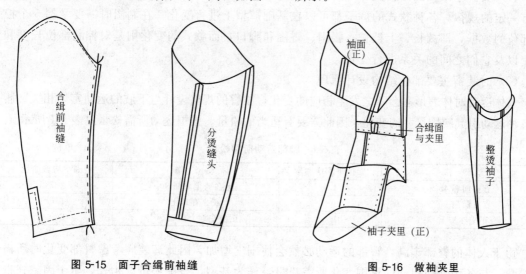

图 5-15　面子合缉前袖缝　　　　　　　　图 5-16　做袖夹里

④ 收袖山吃势上袖。

（13）上垫肩、缭袖窿

（14）锁眼、成品整烫

（15）钉扣

四、质量要求

两用领女上衣的质量要求，由于是立、驳两用领，所以在驳角止口处正反面同等大，无需相借。

第二节　时装裤缝制工艺

一、时装裤的基础知识

裤子是下装的最主要形式之一，它是根据人的腰部、臀部和两腿形态及运动机能需求设计的。裤子的基本结构主要由一个长度（裤长）和三个围度（腰围、臀围、裤口围）所构成。

（1）裤装结构种类　裤子种类繁多，风格各异。随着人们对美的需求的不断发展，会产生更多的款式和不同的造型。

由于分类的标准不同，裤子可分为许多种类。从外观造型上分，有直筒裤、喇叭裤、锥形裤、骑马裤等。从长度上来分，又有短裤、中裤和长裤之分。从用途上分，有西装裤、休闲裤、运动裤和工装裤等。此外，还可以从材料、工艺、款式上进行分类，如毛料裤、连腰裤、吊带裤、牛仔裤、中式裤、睡裤、游泳裤、九分裤、七分裤等。

（2）裤子结构名称　裤片结构线主要有：前腰线和后腰线、前中线和后中线、前裆弯线和后裆弯线、前内缝线和后内缝线、前侧缝线和后侧缝线、前脚口线和后脚口线、前挺缝线和后挺缝线、臀围线、中裆线。

二、时尚裤装基础型的结构设计

（1）女裤基础型的结构设计　女裤款式与时尚紧密结合，款式变化万千，但其结构变化具有一定的规律，各种款式的裤子都可以在基础裤型上进行变化。在制图时需要掌握 5 个控制部位的数据，即裤长、上裆长、腰围、臀围和脚口，而款式的变化则是对控制部位长度和围度以及它们之间的关系进行变化。

（2）时装裤主要部位结构设计原理

人体运动时体表形态会随之发生相应的变化，腰臀的规格设计与下肢的运动密切相关。腰部各种运动引起腰围尺寸的变化，因此需要有适当的松量。腰围运动所需松量见表 5-1 所示。

表 5-1　腰部运动所需松量　　　　　　　　　　　　　单位：cm

动　作	腰围平均增加量	动　作	腰围平均增加量
直立前屈 45°	1.1	坐在椅上前屈 90°	2.7
直立前屈 90°	1.8	正坐在地上	1.6
正坐在椅上	1.5	正坐在地上前屈 90°	2.9

由于人体的臀部丰满，臀部的运动必然会使围度增加，因此裤装应考虑臀部变化时所需的松量，与各种动作引起的臀围变化所需松量，作为基型，臀围松量取 4cm。至于因款式造型需要增加的装饰性及舒适量就要根据设计需要另当别论了，如表 5-2 所示。

表 5-2　臀部运动所需松量设计　　　　　　　　　　单位：cm

动　作	腰围平均增加量	动　作	腰围平均增加量
直立前屈 45°	0.6	坐在椅上前屈 90°	3.5
直立前屈 90°	1.3	正坐在地上	2.9
正坐在椅上	2.6	正坐在地上前屈 90°	4.0

（3）直筒裤的结构设计

直筒裤款式如图 5-17 所示。

图 5-17　直筒裤款式

（1）款式结构特点说明

直筒裤的臀部比较合体，裤筒呈直筒形。构件主要有整条腰头，前裤片左右各两个褶裥，各一个直插袋，后省左右各两个，右侧开门襟。适合任何人穿着，是裤装的基本款式。

（2）具体工艺流程及要领

① 工艺准备。检查衣料、辅料、刀眼、粉线及其他零部件。

② 锁边。直筒裤制作中除了前后片的腰口处不要锁边外，其他部位都需要锁边，如垫袋和里襟锁边等。

③ 裁做袋布、做后省及装插袋。

a. 裁袋布、里襟布、垫袋　袋布长 22cm，宽 17cm×2cm，前袋口需粘 1cm 宽的直纱牵条，如图 5-18 所示。

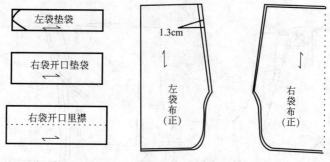

图 5-18　裁袋布、里襟布、垫袋

b. 做右袋布　缉嵌条，缉垫袋，勾、翻袋布，缉明线，如图 5-19 所示。

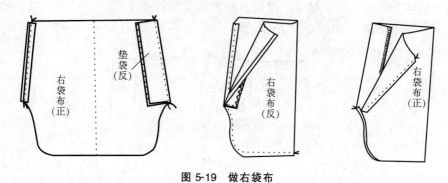

图 5-19　做右袋布

④ 装右袋布

a. 合右侧缝　如图 5-20 所示。

b. 缉前裤片贴边　袋布与折好的袋口线并齐，上、下摆准后，沿前裤片贴边缉窄止口明线 0.2cm，如图 5-21 所示。

c. 缉袋口双明线　折转袋口折印，揭开袋布，在前袋口上缉双明线，第一道线为 0.1cm 宽，第二道明线为 0.8cm 宽，缉到袋口处止针，如图 5-22 所示。

d. 装里襟　里襟与后裤片袋位处缝合，并缉过下袋口 1cm 左右，回针二道线，缝线宽 0.8cm，如图 5-23 所示。

图 5-20　合右侧缝

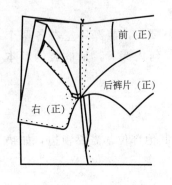

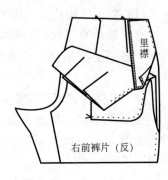

图 5-21 缉前裤片贴边　　　　图 5-22 缉袋口双明线　　　　图 5-23 装里襟

e. 缉里襟　分烫缝份，折转里襟使其盖住后裤片缝份，看后裤片正面，在缝迹上缉漏落针，如图 5-24 所示。

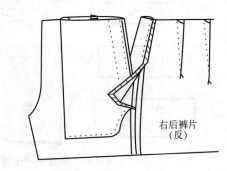

图 5-24 缉里襟

f. 袋口封结　将后袋布、垫袋、里襟、前折裥等部位摆平服，封袋口，封结针略朝前倾斜，封针 3～4 道即可，如图 5-25 所示。

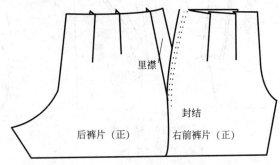

图 5-25 袋口封结

⑤ 合左、右侧缝。缝合时脚口折边线、中裆线要对准，由脚口处起缝至袋口处止针，两端必须打回针。贴边处缝线略微向外倾斜，袋口部位的后裤片比前裤片长出 0.3cm。中间部位平缝，上下片互不松紧，如图 5-26 所示。

⑥ 合下裆缝。距窿门 10cm 的后片下裆缝要归拢 0.3cm 缝合，中间部位平缝，斜纱处可伸缩 0.1cm，保持上、下片松紧一致，如图 5-27 所示。

⑦ 合上裆缝。将左裤腿套入右裤腿内，并把前、后腰口对齐，裆底十字缝对齐，由前裆缝开始缝合，缝到后裆弯处，要拉直缉线，裆缝有长短不齐时应缝圆顺。后裆缝要重复缉

两道线，然后把裆缝放到烫马上分缝烫平，如图 5-28 所示。

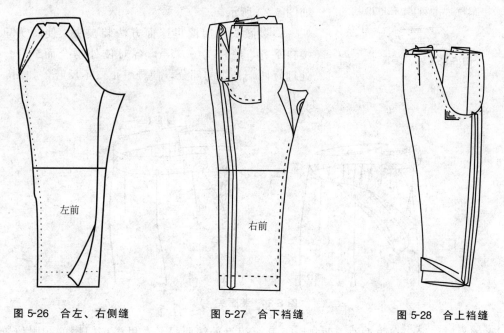

图 5-26　合左、右侧缝　　　　图 5-27　合下裆缝　　　　图 5-28　合上裆缝

⑧ 做裤腰和裆袋

a. 缉缝腰衬与腰面　腰衬选择厚型有纺黏合衬。腰里、腰面均使用直纱本料。看着腰面缉缝腰头宽明线，缉线距衬边 0.7cm，如图 5-29 所示。

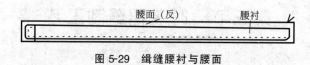

图 5-29　缉缝腰衬与腰面

b. 折烫腰面下口　缉缝明线宽为 0.7cm，如图 5-30 所示。

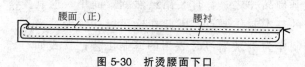

图 5-30　折烫腰面下口

c. 勾缝腰里与腰面　将腰里两端略拉紧缝合，如图 5-31 所示。

图 5-31　勾缝腰里与腰面

d. 翻烫腰头　先修窄两端缝份，然后翻烫，使腰面止口外吐 0.1cm。使腰头的规格及对位记号与腰口吻合，如图 5-32 所示。

图 5-32　翻烫腰头

图缉腰头两侧和上端窄止口明线

图 5-33 做、装腰祥

e. 缉腰头两侧和上端窄止口明线，做、装腰祥，如图 5-33 所示。

f. 装腰头　用镶里压面方法装腰头。使腰头里与腰口平齐，缝份为 0.7cm，各对位处吻合而缝合。应处理好两端长出的部分，使腰里止口不反吐，如图 5-34 所示。

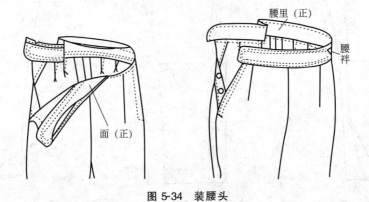

图 5-34 装腰头

⑨ 锁、钉、缲　在腰头处锁两扣眼，开衩门襟处锁两只，在里襟按门襟的扣眼位置上纽扣，用三角针缲缝裤脚贴边。

⑩ 后整理　先清除绷线与线头、粉印痕，并熨烫整理。

第三节　时装裙缝制工艺

一、款式介绍

时装裙是女装的基础品种之一，时装裙虽然款式简单，但其制作工艺包含了裙子的基本制作要点，因此在这里以立领无袖半门襟连时尚衣裙裙的制作为例来学习时装裙的缝制工艺，款式如图 5-35 所示。

二、具体工艺流程及要领

（1）做前、后衣片

① 后挂面粘衬。如图 5-36 所示。

② 做前、后衣片的省缝。腋下省倒向下侧或上侧车缝前片省道，由省根缉至省尖，省尖留出线头 4cm，打结后剪短。省要缉直、缉尖，将省道向中间烫倒，侧缝臀围线位置归烫。车缝后片省道，将省道向中间烫倒，侧缝臀围线位置归烫。要注意起止位置要打倒针，如图 5-37 所示。

③ 合肩缝。如图 5-38 所示。

（2）做、装领

图 5-35 时装裙款式

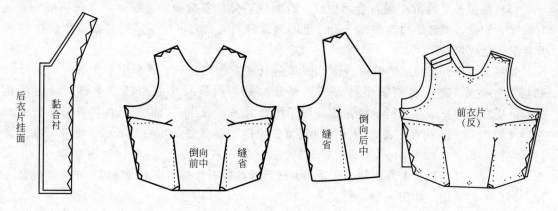

图 5-36 后挂面粘衬   图 5-37 做前、后衣片的省缝   图 5-38 合肩缝

① 做领。如图 5-39 所示。

② 装领。装领面的后领口，缲缝领里。如图 5-40 所示。

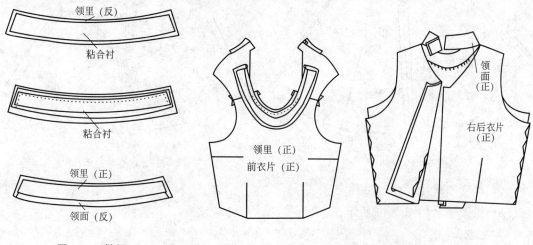

图 5-39 做领   图 5-40 装领

（3）合侧缝 缝合后分烫缝份，如图 5-41 所示。

（4）装袖口贴边 用本料斜纱做贴边，接头折净，放在袖底处，缉明线 0.6cm 宽，如图 5-42 所示。

图 5-41 合侧缝

图 5-42 装袖口贴边

（5）做裙子　合前中缝，合后中缝，合侧缝，分烫各缝份。装拉链，缉单明线 0.8～1cm 宽，扣烫、缲缝底边。将裙子面、里的侧缝分别缝合。将里子侧缝与面子侧缝在中部用手针纳缝固定好。

将里子后中开口位置的缝份剪掉，根部打 1cm 宽的三角口。将里子后中开口处向反面扣折 1cm 熨烫平整。将熨烫平整好的里子开口处与拉链反面相对摆放平整，沿边车缝 0.1cm 明线固定里子和拉链。将裙面与里子腰口对齐，后片开口位置压在拉链的基布正面上，车缝 0.1cm 边明线。将右片开口位置盖住拉链，要盖过左片约 0.2cm，开口下端打倒针封牢固，如图 5-43 所示。

（6）合衣片与裙片　将衣片与裙片的侧缝对准，后衣片搭门线对准后裙片中缝，缝合一周，两层一起锁边，如图 5-44 所示。

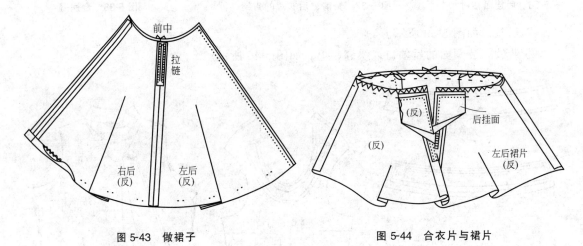

图 5-43　做裙子　　　　　　　　　　　图 5-44　合衣片与裙片

（7）中腰缉明线　如图 5-45 所示。

（8）做腰带　如图 5-46 所示。

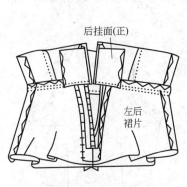

图 5-45　中腰缉明线

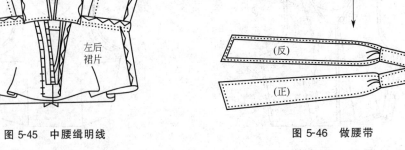

图 5-46　做腰带

（9）后整理

第四节　时装外套缝制工艺

一、概述

时装外套是日常人们穿着在外面的服装总称。由于穿着场所的不同，用途各异，品种类别很多，又可分为社交服、日常服、职业装、运动装、室内服、舞台服等。下面以女款时装外套设计缝制工艺为例，介绍时装外套的具体缝制工艺及其要求，款式如图 5-47 所示。

二、具体工艺流程及要求

时装外套工艺步骤如图 5-48 所示。

图 5-47　女款时装外套款式

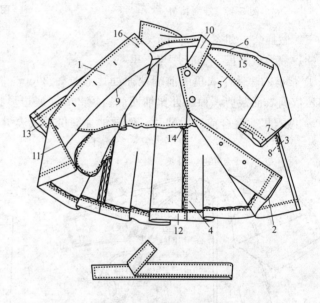

图 5-48　时装外套工艺步骤

1—挂面粘衬；2—勾缝门襟搭门与底边；3—装袋布；4—合后中缝、缉明线；

5—合袖窿与袖山、缉明线；6—合袖底缝与侧缝；7—做插袋；

8—裁、做衣里、合衣片与衣里；9—做领与装领；10—领与门襟缉明线；

11—扣烫底边、缉明线；12—袖口缉明线；13—固定衣里；

14—装垫肩；15—锁扣眼、钉纽扣；16—做腰带

（1）挂面粘衬　挂面粘衬以超过止口 1.5cm 为宜，可使止口笔挺；方领口角端贴小块黏合衬；袋口熨直纱黏合衬牵条，如图 5-49 所示。

（2）勾缝门襟搭门与底边　如图 5-50 所示。

（3）装袋布　袋口处的外袋布比内袋布宽 1cm，如图 5-51 所示。

（4）合中缝、缉明线　左、右后衣片正面相对缝合后锁边，再使缝份倒向右身，正面压单明线，如图 5-51 所示。

（5）合袖窿与袖山、缉明线　如图 5-51 所示。

（6）合袖底缝与侧缝　将前、后袖窿底十字缝对齐，自袖口缉至袋口直至底边，在袋口、袖口、底边处打回针，如图 5-51 所示。

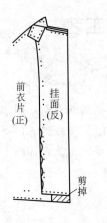

图 5-49　挂面粘衬

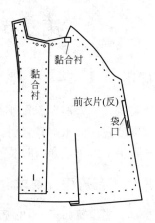

图 5-50　勾缝门襟搭门与底边

（7）做插袋　如图 5-51 所示。

（8）裁、做衣里、合衣片与衣里

① 裁剪衣里。半衣里的前端挂面处比衣长短 25cm，侧缝处由袖窿深点延长 12cm，其他部位依据衣面裁剪，袖口处比袖面底边短 2cm，底边形状前斜后平。

② 做衣里。缝合前、后袖片，倒烫袖片缝份。底边缉三折缝，如图 5-52 所示。

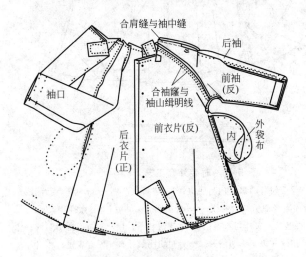

图 5-51　外套各部件

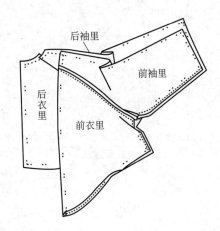

图 5-52　做衣里

③ 合挂面与衣里。合后衣片中缝，烫倒座势 1cm，合挂面与衣里，朝衣里方向熨倒缝份，缝合肩缝与袖缝，将缝份向后袖熨倒，缝合袖口，如图 5-53 所示。

（9）做领与装领　如图 5-54 所示。

（10）领与门襟缉明线　自右门襟底边开始，沿门襟止口缉单明线，经过右搭门、领及左搭门回到右门襟止口底边处，两端各需打回针一道，如图 5-54 所示。

（11）扣烫底边、缉明线　如图 5-54 所示。

（12）袖口缉双明线　如图 5-54 所示。

（13）固定衣里　绷缝衣里侧缝缝份。前端和侧缝的缝份用三角针固定。后衣里缝份用活线绊固定，如图 5-54 所示。

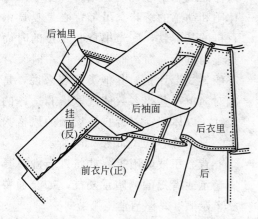

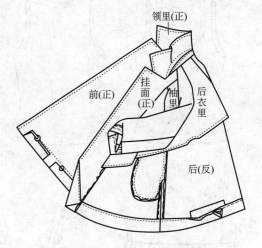

图 5-53　合挂面与衣里　　　　　　　　　图 5-54　制作时装外套部件

（14）装垫肩　用双股棉线绷缝垫肩，线迹要略微松些，垫肩厚点应对准袖子肩端点，如图 5-55 所示。

（15）锁扣眼、钉纽扣　见第二章第一节手缝基础工艺。

（16）做腰带　如图 5-56 所示。

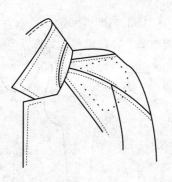

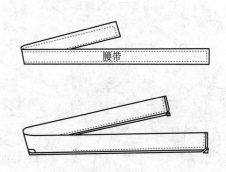

图 5-55　装垫肩　　　　　　　　　　　　图 5-56　做腰带

（17）后整理

（18）质量要求

① 成品尺寸符合规格。

② 成品没有皱褶和七扭八吊的现象，衬头无起泡。

③ 领子左右对称，无反翘、吐里现象。

④ 袖子吃势均匀，装袖居中，袖山头前圆后登，无死褶，左右袖对称。

第五节　时装背心缝制工艺

一、概述

时装背心是指没有袖子和衣领的衣服，夏天时穿比较凉爽，属于显现身材的衣服。背心

是健康、典雅、时尚的一流精品，它把人体曲线和生理机能相结合，多了几分休闲和动感的意味。吊带背心是夏日中百搭的基本款，反光小背心真正的时尚是崇尚自我、简约而富有个性。时装背心的款式设计相对其他类服装来说，是相对简单一些，多数体现宽松和适体的设计，以体现穿着者自我展示的风格为主。时尚背心款式如图 5-57 所示。

背心还被应用于一些特殊行业，具有警示或者提醒的暗示功能，如交通警察警示服、马路清洁工服装等。

二、具体工艺流程及要领

宽体背心款式如图 5-58 所示。

（1）该款时装背心为双口袋宽体结构，注意底摆要大些，宽度可设为 2.5cm。

（2）工艺准备　前、后衣片各一个，口袋布 2 个，贴边等，如图 5-59 所示。

图 5-57　时尚背心款式

图 5-58　宽体背心款式

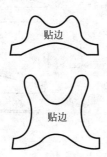

图 5-59　宽体背心工艺准备

（3）缝制贴袋和前后衣片　将两个贴口袋缝至前衣片指定位置，再将前、后衣片正面朝里，对齐缝合两条侧缝，也可以提前对侧缝进行包缝处理，如图 5-60 所示。

图 5-60　缝制贴袋和前后衣片

（4）缝合贴边侧缝　缝合贴边侧缝，将贴边和衣身的正面贴正，面对齐上边缘，前后左右缝合一圈，缝合后在有弧度的缝份上剪开一些牙口，以便于翻折，如图 5-61 所示。

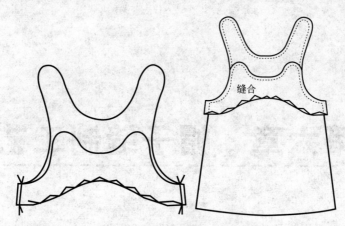

图 5-61　缝合贴边侧缝

（5）缉明线、锁扣眼　将贴边翻到里面，沿边缘压一道明线，再将下摆折边车缝一圈，最后锁扣眼，如图 5-62 所示。

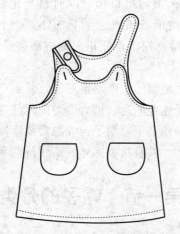

图 5-62　缉明线、锁扣眼

第六章 帽子缝制工艺

中国是全球最大的帽子生产国和出口国，同时自身也是帽子的消费大国。帽子产品在满足人们日常生活消费和时尚消费需求方面具有不可替代的作用，而且随着经济的发展，每年消费以惊人的速度递增。帽子产业正成为继服装业、鞋业之后有发展潜力的产业之一。

目前国内已经形成规模巨大的帽子生产制造基地，其生产技术和款式变化能力已经被世界名牌帽子公司认可，并且帽子企业的运营模式由为国际品牌做代加工的生产模式向自主创新品牌模式转变。在此行业发展机遇下，帽子行业急需既懂帽子产品设计创新又精通帽子制板技术与工艺的复合型专业人才，并且这类人才的薪资待遇和发展空间较为可观。

第一节 帽子的分类

人类除了自身具有的外貌、身材、举止、气质等固有特性外，与服装配套中的帽子一族，发展到今天俨然已经成为了一种特殊的符号，更是一种风格的象征。除了象征性外，帽子还有遮阳、装饰、增温、防护和警示等作用。因此，其种类很多，选择也有讲究。首先要根据脸型选择合适的帽子，其次要根据自己的身材来选择帽子，再次戴帽子和穿衣服一样，要尽量扬长避短，帽子的形式和颜色等必须和服饰等相配套。帽子款式设计如图 6-1 所示。

（1）按用途帽子分　有风雪帽、雨帽、太阳帽、安全帽、防尘帽、睡帽、工作帽、旅游帽、礼帽等。

（2）按使用对象和式样分　有男帽、女帽、童帽、幼儿帽、少数民族帽、情侣帽、牛仔帽、水手帽、军帽、警帽、职业帽等。

（3）按制作材料分　有皮帽、毡帽、毛呢帽、长毛绒帽、绒绒帽、草帽、竹斗笠等。

（4）按款式特点分　有贝雷帽、鸭舌帽、三角尖帽、前进帽、青年帽、披巾帽、无边女帽、龙江帽、京式帽、山西帽、棉耳帽、八角帽、瓜皮帽、虎头帽等。

图 6-1　帽子款式设计

第二节　帽子的材料

用来制作帽子的材料可以说是五花八门。在创意横流的今天，任何材料都被设计者用来进行创意发挥。但传统上的制作帽子材料如下。

① 皮革。皮革是由经过鞣制而成的动物毛皮制作而成的面料。皮革多被用来制作冬帽，具有轻盈保暖、雍容华贵的优势。但皮革的价格往往比较昂贵，而且对于皮革的贮藏、护理方面要求都比较高，因此并不是很普及。一般都是成功人士所必备的服装配饰之一。

② 棉布。较常用来制作各种帽子。棉布具有轻松保暖、柔和贴身、吸湿性、透气性甚佳的优点。而棉布易缩、易皱的缺点会使它的外观上不大挺括美观，所以在佩戴时需要时常熨烫。

③ 丝绸。它是由桑蚕丝为原料纺织而成的各种丝织物的统称。丝绸有轻薄、柔软、滑爽、透气、富有光泽、高贵典雅以及舒适等优点。但是丝绸也存在着易生折皱、容易吸身、不够结实、褪色较快的缺点。

④ 毛皮。它通常适用于制作比较正规和高档的帽子。毛具有防皱耐磨、手感柔软、高雅挺括、富有弹性以及保暖性强的优点。而毛洗涤起来较为困难，保养需要专业的技巧。

⑤ 麻布。一般被用来制作普通的夏帽。麻布的优点是强度极高，吸湿、导热、透气性甚佳。麻布的缺点是外观较为粗糙、生硬。

⑥ 化纤。化纤色彩鲜艳、悬垂挺括、滑爽、质地柔软。而化纤的耐磨性、耐热性、吸湿性、透气性相对较差，在遇热时易变形，容易产生静电。

第三节　帽子的裁剪

帽子的大小以"号"来表示。帽子的标号部位是帽下口内圈，用皮尺测量帽下口内圈周长，所得数据即为帽号。"号"是以头围尺寸为基础制定的。帽的取号方法是用皮尺围量头部（过前额和头后部最突出部位）一周，皮尺稍能转动，此时的头部周长为头围尺寸。应根据头围尺寸确定帽号。

中国帽子的规格从 46 号开始，46～56 号为童帽，55～60 号为成人帽，60 号以上为特大号帽；号间等差为 1cm，组成系列。帽子的质量一般从规格、造型、用料、制作几方面来反映。具体地说，规格尺寸应符合标准要求；造型应美观大方，结构合理，各部位对称或协调；用料应符合要求。单色帽各部位应色泽一致，花色帽各部位应色泽协调；经纬纱无错向、偏斜，面料无明显残疵；皮面毛整齐、无掉毛、虫蛀现象；辅件齐全；帽檐有一定硬度。帽子各部件位置应符合要求，缝线整齐，与面料配色合理，无开线、松线和连续跳针现象；绱帽口无明显偏头凹腰，绱檐端正，卡住适合；织帽表面不允许有凹凸不匀，松紧不均，花纹不齐；棉帽内的棉花应铺匀，纳线疏密合适；帽上装饰件应端正、协调；绣花花型不走形，不起皱；整烫服帖、美观，帽里无拧赶现象；帽子整体洁净，无污渍，无折痕，无破损等。帽子裁剪如图 6-2 所示。

目前我国绝大多数帽子生产厂家，不再单纯使用传统工艺来制作帽子，除了在样板的设计及材料的排划、裁剪等技术环节，还在依靠纯手工外，在其他生产工序中，都使用了较为现代化的机器设备，以满足大规模生产帽子的需要。

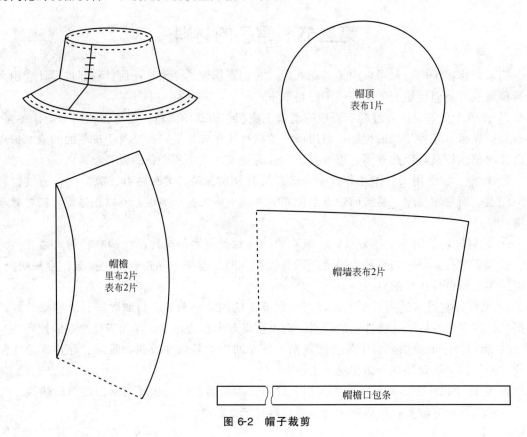

图 6-2　帽子裁剪

第四节　帽子缝制工艺

一、风帽制作工艺

连风帽外衣具有挡风保暖和装饰美化的作用。本款是前门襟装拉链、连帽式结构。根据

气候的不同，有夹、棉两种。一般儿童的风帽多采用仿生学的设计手法，做成兔子、虎、猫、狮子等动物的形状。此外，风帽也可以单独缝制。

（1）装门襟与前门襟止口对齐而绷缝，再以正面为内对齐挂面而缝合，如图6-3所示。

（2）缝合帽里与帽面　缝帽省，合帽中线，拼贴边，合帽面与帽里，如图6-4所示。

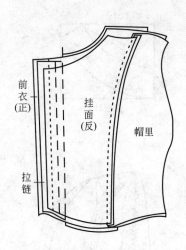

图 6-3　帽子制作工艺流程（一）

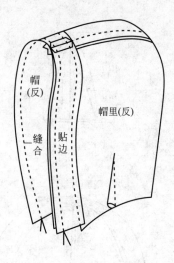

图 6-4　帽子制作工艺流程（二）

（3）装帽子　用衣片和挂面夹帽子而缝合，如图6-5所示。

（4）缉装饰明线　将帽子翻出表面，在帽子与前门襟止口处缉宽明线，如图6-6所示。

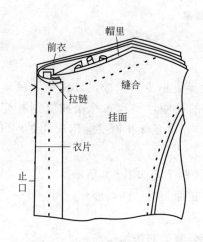

图 6-5　帽子制作工艺流程（三）

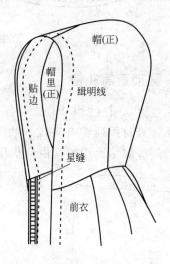

图 6-6　帽子制作工艺流程（四）

二、帆布休闲帽缝制工艺

帆布休闲帽缝制工艺简单，适合儿童、男士或女士佩戴，质地相对柔软，方便携带，又能遮阳和起到一定保暖保护的作用，同时也能起到很好的装饰效果，是大众化的日常服饰配饰实用件之一。

（1）工艺准备

① 帆布 90cm×60cm。

② 黏合衬 90cm×60cm。

③ 缎带 1.5cm、宽 1200cm 长。

（2）具体工艺

帆布休闲帽缝制如图 6-7 所示。

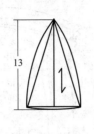

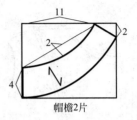

帽檐2片

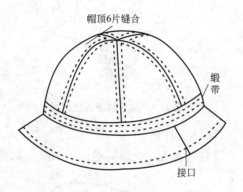

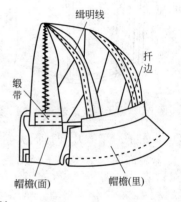

图 6-7　帆布休闲帽缝制

三、圆顶直筒礼帽

圆顶直筒礼帽（图 6-8）适合各类人士，也被世界上不少国家或民族作为本民族特殊礼仪用品。其材质通常有裘皮、软呢、丝绒等仿制的礼帽，俗称布礼帽或缝制礼帽，用草缠、竹篾等编结而成的，俗称草礼帽，属草帽类，其中金丝礼帽（采用丝绒缠）以雅致著称。

图 6-8　圆顶直筒礼帽

圆顶直筒礼帽缝制工艺如图 6-9 所示。

① 将前后帽筒正面相对，两端缝合。

② 将缝头分缝熨平。

③ 按图示在缝合缝的两侧缉明线。

④ 将帽顶与帽筒正面相对缝合。

⑤ 将缝头分缝熨平。

⑥ 按图示在缝合缝的两侧缉明线。

注意：在缝制工作中，通常会选择使用涤纶线来进行缝制。此外，为了使帽子的面料和涤纶线，能做到颜色的和谐与统一，所用的涤纶线，与所需缝制的面料在颜色上必须要做到一致。

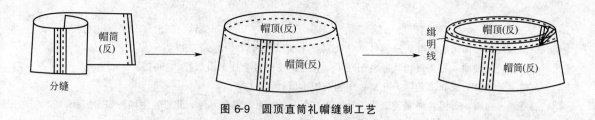

分缝

图 6-9　圆顶直筒礼帽缝制工艺

四、帽子缝制工艺流程、检验、包装、保养

（1）工艺流程　通常情况下，制作一顶帽子要经历选料、排划、裁剪、缝制、定型、包装等工序。

由于制作帽子的技术是一项非常细致的工作，所以其中的每一项工作、每一道工序，都需要设计和工作人员谨慎从事，避免为接下来的工序，造成难以挽回的误差与麻烦。俗话所说的"差之毫厘，失之千里"，在帽子的制作工艺中体现得相当明显。

（2）检验　一顶质量合格的帽子，外观要比较周正而且从表面看上去，不能有明显的多余线头，更不能有明显的污渍；帽表面上的丝道一定要正。在通常情况下，在验收时，工作人员可以使用刷子轻刷帽的表面，将粘在上面的多余线头、毛屑以及灰尘刷干净。当验收工作完成后，考虑到帽子马上要上市销售，需要对这些帽进行包装工作。

（3）包装　对于帽子的包装要视帽子本身的特点而定，需要定型的帽子适合硬包装，对于帽子无需定型的就不需要硬包装。需要硬包装的帽子人们可以在每顶帽的帽墙周围，套上塑料泡沫圈，以防止在装箱后，让帽受到不必要的挤压。用于包装的纸箱，在规格上通常是要视销售情况而定，例如外销纸箱要求不能少于三层瓦楞纸厚度。在将帽装入纸箱内以后，将纸箱用透明胶带封好后，就可以入库等待上市销售。

（4）保养　对于一般材质的帽子保养就是洗净后折叠或挂放保存就可以。但相对兔绒、条绒、呢子或者毛料等质地的帽子来说，人们可以在垫上帽衬后，使用透明胶带，轻轻地将绒面上的毛屑、灰尘等物质除干净即可；而如果是皮质的礼帽，可以用普通的毛巾来进行擦拭就可以。

参 考 文 献

[1] 中华人民共和国国家标准．服装号型．北京：中国标准出版社出版，1998.

[2] 陈明栋，吴经熊．服装最新裁剪缝纫技术．合肥：安徽科学技术出版社，1997.

[3] 吴铭、张小良．成衣工艺学．北京：中国纺织出版社，2002.

[4] 娜塔列·布雷．英国经典服装纸样设计（提高篇）．刘驰，袁燕等译．北京：中国纺织出版社，2000.

[5] 孙熊．裁剪与缝纫．上海：上海科学技术出版社．2007.

[6] 吕学海．服装结构制图．北京：中国纺织出版社，2002.

[7] 刘凤霞，丁英翘等．盛世华服工艺设计与制作．北京：中国轻工业出版社，2001.

[8] 韩滨颖．现代时装缝制新工艺大全．北京：中国轻工业出版社，1997.

[9] 文化服装学院．文化ファッション讲座（鞋帽篇）．文化出版局，1998.

[10] Helen Joseph．Patternmaking for Fashion Design．The Fashion Center Los Angeles Trade-technical College，2001.